Ghidul pacientului laringectomizat

Itzhak Brook, MD, MSc

Cuprins

DEDICAȚIE

Cartea este dedicată viitorilor mei pacienți laringectomizați și îngrijitorilor lor, pentru curajul și perseverența lor.

RECUNOȘTINȚĂ

Le sunt recunoscator lui Joyce Reback Brook și Carole Kaminsky pentru asistența lor editorială

ACT DE RENUNȚARE (DISCLAIMER)

Dr. Brook nu este un expert în otorinolaringologie și chirurgie a capului și gâtului. Acest ghid nu este un substitut pentru îngrijirea medicală efectuată de către profesioniștii din domeniul medical.

Imaginile 1 si 2, Figurile 1-5 și coperta frontală au fost publicate cu permisiunea Atos Medical Inc.

INTRODUCERE

Eu sunt un medic care a devenit un pacient laringectomizat în anul 2008. Am fost diagnosticat cu cancer laringian în anul 2006, care a fost inițial tratat cu radioterapie. După ce am avut o recădere doi ani mai târziu, medicii mei au recomandat laringectomia totală ca fiind cea mai bună asigurare pentru eradicarea cancerulu. În timp ce scriu acest lucru, au trecut peste cinci ani de la operație și până acum nu a existat niciun semn de recidivă.

După ce am devenit laringectomizat, mi-am dat seama de magnitudinea provocărilor cu care se confruntă pacienții nou-laringectomizați, în a învăța cum să aibă grijă de ei înșiși. Depășirea acestor provocări necesită o bună cunoaștere a noilor tehnici de îngirjire a căilor respiratorii, preocuparea legată de efectele secundare de lungă durată ale radioterapiei și altor tratamente, obișnuirea cu rezultatul intervenției chirurgicale, confruntarea cu ideea de viitor incert, și lupta cu problemele psihologice, sociale, medicale și dentare rezultate. De asemenea, am învățat care sunt dificultățile vieții unui supraviețuitor al cancerului capului și gâtului. Acest cancer și tratamentul său afectează cele mai elementare funcții umane: comunicarea, nutriția și interacțiunea socială.

După ce am învățat treptat să mă descurc în viața mea de larigectomizat, am constatat că soluțiile la multe probleme nu se bazează doar pe medicină și știință, ci și pe experiența în plus față de proces și erori. De asemenea, mi-am dat seama că ceea ce funcționează pentru o persoană, nu poate întotdeauna să funcționeze la fel de bine pentru alta. Dacă istoricul medical, anatomia și personalitatea fiecărei persoane sunt diferite, așa și soluțiile terapeutice sunt diferite. În orice caz, unele principii generale de îngrijire sunt utile pentru majoritatea pacienților laringectomizați. Am avut norocul să beneficiez de colaborarea cu medicii mei, cu foniatri și cu alți pacienți laringectomizați, învățând astfel cum să am grijă de mine și cum să depășesc nenumăratele provocări zilnice.

Mi-am dat seama treptat că pacienții nou laringectomizați ar putea să-și îmbunătățească calitatea vieții dacă învață cum să aibă grijă de ei. Cu acest scop am creat un site web (http: //dribrook.blogspot.com/) pentru a le ajuta pe persoanele laringectomizate sau cu alte cancere ale capului și gâtului. Site-ul se ocupă cu problemele psihologice, medicale și dentare, și conține de asemenea link-uri către videoclipuri despre salvarea respirației și alte lecții   informative.

Acest ghid practic se bazează pe site-ul meu şi este destinat să ofere informaţii utile care îi ajută pe pacienţii laringectomizaţi şi pe îngrijitorii lor să facă faţă problemelor medicale, dentare şi psihologice. Ghidul conţine informaţii despre efectele secundare ale radiaţiilor şi chimioterapiei, despre metodele de recuperare a vocii după laringectomie, despre îngrijirea căilor respiratorii, a stomei traheale; despre filtrul de umidificare a aerului cald, şi despre protezele vocale. În plus, mă adresez problemelor de mâncare şi înghiţire, medicale, stomatologice şi psihologice, respiraţiei şi anesteziei, şi călătoriilor pacienţilor laringectomizaţi.

Acest ghid nu este un substitut pentru îngrijirea medicală profesionistă, ci sperăm că va fi util pentru pacienţii laringectomizaţi şi pentru cei care îi îngrijiesc, în viata lor de după operaţie şi în rezolvarea provocărilor cu care se   confruntă.

CAPITOLUL 1

Diagnosticul și tratamentul cancerului de laringe

Prezentare generală:

Cancerul laringian afectează "cutia vocală". Cancerul care are punct de plecare laringian, se numește neoplasm laringian iar cel cu punct de plecare hipofaringian, se numește neoplasm hipofaringian. (Hipofaringele este partea din gât *faringe*, care se afla langă și în spatele laringelui.) Aceste tipuri de cancer sunt foarte asemanatoare, iar principiile de tratament ale ambelor sunt similare și pot implica laringectomia. Deși discuția de mai jos se adresează cancerului laringian, este, de asemenea, în general aplicabilă și cancerului hipofaringian.

Cancerul laringian apare atunci când celulele maligne apar la nivelul laringelui. Laringele conține corzile vocale (sau falduri vocale), care prin vibrație generează sunete, ale căror ecou duce la formarea unei voci audibile atunci când acesta trece prin gât, gura și nas.

Laringele este împartit în 3 regiuni anatomice: glota (în mijlocul laringelui, include corzile vocale); supraglota (în partea superioară a laringelui, include epiglota, aritenoizii, repliurile ariepiglotice și corzile vocale false) și subglota (partea inferioară a laringelui). În timp ce cancerul se poate dezvolta în orice parte a laringelui, marea majoritate a neoplasmelor laringiene au ca punct de plecare glota. Urmează ca frecvență cancerele supraglotice, iar cele subglotice sunt cele mai rare.

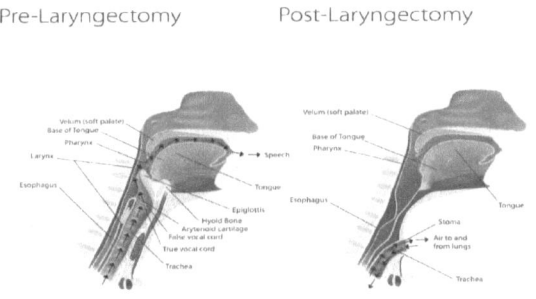

Figura 1. Anatomia înainte și după laringectomie

Cancerul laringian și hipofaringian se pot răspândi direct la structurile învecinate, pe cale limfatică prin rețeaua cervicală regională, prin noduli limfatici, sau la distanță, prin fluxul sanguin către orice alt loc din organism. Metastazele pulmonare și hepatice sunt cele mai frecvente. Carcinoamele scuamoase reprezintă 90-95% din cancerele laringiene și hipofaringiene.

Fumatul și consumul cronic de alcool sunt principalii factori de risc pentru cancerul larigian. Dacă expunerea la Virusul Papiloma Uman (HPV) a avut loc, au fost descrise asocieri în principal cu cancerul orofaringian și mai puțin cu cancerul laringo-hipofaringian.

Există aproximativ 60 de mii de laringectomizați în SUA. În conformitate cu Epidemiologia și rezultatele finale, analiza statistică a cancerului realizată de către Institutul Național al Cancerului estimează la 12250 de bărbți și femei diagnosticați cu cancer de laringe. Numărul noilor laringectomizați a fost în scadere, în principal pentru că din ce în ce mai puțini oameni fumează, iar noile tehnici chirurgicale pot salva laringele.

Diagnostic:

Simptomele si semnele de cancer laringian includ:

- Sunete anormale (înalte) de respirație

- Tuse cronică (cu și fără sânge)

- Dificultate la înghițire

- O senzație de nod gât

- Ragușeală care nu se îmbunătățește în 1-2 săptămâni

- Dureri la nivelul gâtului și urechii

- Durere în gât care nu se îmbunătățește în 1-2 săptămâni, chiar și cu antibiotic

- Senzația de umflare a gâtului

- Pierderea neintenționată a greutății

Semnele asociate cu cancerul laringian depind de locația primară a tumorii. Disfonia persistentă poate fi semnul inițial în cancerele cu localizare glotică. Simptomele ulterioare pot include dificultăți la înghițire, durere în ureche, tuse cronică și uneori sângeroasă și răgușeală. Cancerul supraglotic este frecvent diagnosticat atunci când provoacă fenomene obstructive ale căilor aeriene sau când ganglionii limfatici metastatici devin palpabili. Tumorile cu localizare primară subglotica debutează în general cu ragușeală sau dificultăți de respirație la efort.

Nu există un singur test care să poate diagnostica cu precizie cancerul. Evaluarea completă a unui pacient necesită în general un istoric amănunțit al bolii, examen fizic și teste de confirmare a diagnosticului. Sunt necesare multiple teste pentru a determina dacă o persoană are cancer sau dacă are o altă condiție (precum o infecție), care ar putea mima tabloul clinic dat de către o neoplazie.

Investigarea corectă a unui pacient este utilizată pentru confirmarea sau eliminarea diagnosticului de cancer, pentru a urmări progresia bolii, pentru a planifica și evalua oportunitatea tratamentului. În unele cazuri, când starea pacientului s-a înrăutățit, sau când mostra de țesut colectată nu a fost de bună calitate, sau când un rezultat anormal trebuie să fie reconfirmat, atunci unele teste se pot repeta. Procedurile de diagnostic al cancerului includ teste imagistice, teste de laborator, biopsia tumorală, examenul endoscopic, chirurgia sau testele genetice.

Următoarele teste și proceduri pot fi folosite pentru a ajuta la diagnosticarea și stadializarea cancerului laringian care influențează alegerea tratamentului:

Examinarea fizică a gâtului: aceasta permite medicului sa deceleze ganglionii limfatici mariți și să vadă cu ajutorul unei mici oglinzi existența sau nu a unor anomalii la nivelul laringelui și hipofaringelui.

Endoscopia: este o procedură în care un endoscop (flexibil, conectat la o sursă de lumină), este introdus prin nas sau prin gură, în căile respiratorii superioare de la nivelul laringelui, permițând astfel examinarea directă a structurilor de la acest nivel.

Laringoscopia: este o procedură prin care examinarea laringelui se face cu ajutorul unei oglinzi sau a unui laringoscop (rigid, conectat la o sursă de lumină)

Tomografia computerizată: este o procedură care generează o serie de radiografii detaliate ale unei regiuni a corpului. O substanță de contrast adăugată prin injectare sau înghițire la această investigație, permite o mai bună vizualizare a organelor și țesuturilor din câmpul scanat.

Imagistica prin rezonanță magnetică: este o procedură care utilizează unde magnetice și unde radio pentru a genera o serie de imagini detaliate ale zonei din câmpul scanat.

Inghițirea Bariului: este o procedură de examinare a esofagului și stomacului, în care pacientul este nevoit să bea o soluție de bariu, pentru a obține imagini în care se opacifiaza tractul digestiv.

Biopsia: este o procedură în care se prelevează material biopsic de la nivelul tumorii, care se prepară în așa fel încât să poată fi examinat la microscop, în vederea stabilirii diagnosticului de cancer.

Potențialul de recuperare a unui pacient cu cancer laringian depinde de:

- Gradul de răspândire a cancerului (stadiul)
- Gradul de diferențiere a celulelor neoplazice (grad)
- Localizarea și mărimea tumorii
- Vârsta, sexul și starea de sănătate a pacientului.

In plus, fumatul și consumul de băuturi alcoolice scad eficiența tratamentului. Pacienții cu cancer laringian care continuă să fumeze și să bea, este puțin probabil să se vindece, iar șansele de a dezvolta a doua tumoră sunt foarte crescute.

Tratamentul cancerului laringian

Persoanele cu cancer de laringe descoperit din timp sau cu tumoră mică, pot fi tratate chirurgical sau radioterapic. Cei cu cancer laringian avansat necesită un tratament complex. Acesta include cura chirurgicală a cancerului, urmată de radioterapie și chimioterapie, administrate în general în același timp.

Terapia țintită este o altă variantă specifică de tratament a cancerului de laringe. Aceasta constă în administrarea de medicamente sau substanțe ce interferă cu anumite molecule implicate în creșterea și progresia tumorilor, și care blochează creșterea, multiplicarea celulelor și răspândirea cancerulu.

Alegerea tratamentului depinde în principal de starea generală a pacientului, de localizarea tumorii, și de eventuala metastazare a acesteia.

Este nevoie de o echipa medicală multidisciplinară care elaborează un plan de tratament al pacienților neoplazici. Aceasta include:

- Otorinolaringolog

- Chirurg ORL, de cap și gât

- Oncolog

- Radioterapeut

Cu echipa de mai sus, mai pot colabora stomatologul, chirurgul plastician/reconstructiv, medic foniatru, asistentă oncolog, dietician, psiholog, consilier pe probleme de sănătate.

Opțiunile de tratament depind de:

- Stadiul tumorii (gradul de răspândire al acestuia)

- Localizarea și dimensiunea tumorii

- Menținerea capacității pacientului de a vorbi, mânca și de a respira

- Recidiva tumorală

Echipa medicală stabilește opțiunile de tratament disponibile pentru pacient, potențialele efecte adverse și rezultate. Pacienții trebuie să ia în considerare cu atenție opțiunile terapeutice disponibile și să înteleaga modul în care aceste tratamente pot afecta capacitatea lor de a manca, înghiți și de a vorbi, și că aceste tratamente le pot modifica aspectul fizic în timpul și după aplicarea lor. Pacientul și echipa medicală care se ocupă de îngrijirea lui, pot lucra împreună pentru a dezvolta un plan de tratament care se potrivește nevoilor și așteptărilor pacientului.

Terapia suportivă, care are ca obiectiv controlul durerii și a altor simptome, ameliorarea efectelor secundare potențiale și diminuarea preocupărilor emoționale, ar trebui sa fie disponibilă înainte, în timpul și după tratamentul cancerului.

Pacienții trebuie să fie bine informați înainte de a alege. Poate fi utilă și necesară obținerea unei a doua opinii medicale și/sau chirurgicale. Un aparținător al pacientului (membru al familiei sau prieten) poate lua parte la discuțiile cu echipa medicală, deoarece poate ajuta pacientul să ia decizia cea mai bună.

Sugestii de întrebari adresabile echipei medicale:

- Care este dimensiunea, localizarea, răspândirea și stadiul tumorii?

- Care sunt opțiunile de tratament? Includ intervenția chirurgicală, radioterapia, chimioterapia sau o combinație a acestora?

- Care sunt efectele secundare posibile, riscurile și beneficiile fiecărui fel de tratament?

- Cum pot fi combătute efectele secundare?

- Care va fi sunetul vocii cu fiecare variantă de tratament?

- Care sunt sansele de a manca în mod normal?

- Cum sa mă pregătesc pentru tratament?

- Tratamentul va necesita spitalizare? Și dacă da, pentru câte zile?

- Care este costul estimat al tratamentului? Asigurarea il acoperă?

- Cum va afecta tratamentul viața, capacitatea de a munci și normalitatea activităților?

- Este o opțiune bună un studiu de cercetare (studiu clinic)?

- Poate recomanda medicul un expert pentru o a doua opinie în ceea ce privește variantele de tratament?

- Cât de des și pentru cât timp va fi nevoie de follow-up?

CAPITOLUL 2

Intervenția chirurgicală: tipuri de laringectomie, rezultate, managementul durerii, dreptul la a doua opinie

Tipuri de laringectomie

Tratamentul cancerului laringian include de multe ori intervenția chirurgicală. Chirurgul poate folosi fie bisturiu, fie laser. Operația cu laser este efectuată utilizând un dispozitiv care generează un fascicul intens de lumină care taie sau distruge țesuturile.

Există 2 tipuri de intervenții chirurgicale pentru eliminarea cancerului laringian:

Îndepărtarea unei părți a laringelui: chirurgul extrage numai partea afectată de tumoră a laringelui.

Îndepărtarea întregului laringe: chirurgul îndepărtează întregul laringe și țesuturile adiacente

Ganglionii limfatici care sunt aproape sau care drenează către locația cancerului, pot și trebuie de asemenea scoși în timpul oricărui tip de intervenție chirurgicală.

Pacientul poate avea nevoie de o intervenție chirurgicală reconstructivă sau plastică. Chirurgul poate preleva țesut din altă parte a corpului pentru a repara un eventual defect de substanță rezultat în urma operației. Chirurgia reconstructivă sau plastică are loc uneori în același timp cu îndepărtarea cancerului, sau poate fi efectuată mai tarziu.

Vindecarea după intervenția chirurgicală durează, iar timpul necesar pentru recuperare variază de la o persoană la alta.

Rezultatul chirurgiei

Principalele rezultate ale intervenției chirurgicale constau în urmatoarele:

- Edem la nivelul gâtului și faringelui

- Dureri locale

- Oboseală

- Creșterea producției de mucus

- Modificări ale aspectului fizic

- Amorțeală, rigiditate musculară și slăbiciune

- Traheostomă

Majoritatea oamenilor se simt slăbiți sau obosiți pentru mai mult timp după operație, simt că au gâtul umflat, și că experimentează durere și disconfort în primele zile postoperator. Medicamentele împotriva durerii pot ameliora unele dintre aceste simptome.

Operația poate altera capacitatea pacientului de a înghiti, mânca și vorbi. Cu toate acestea, nu toate aceste efecte sunt permanente, după cum este discutat mai tarziu în acest ghid (vezi capitolele 6 și 11). Cei care își pierd capacitatea de a vorbi după operație, se pot folosi de comunicarea prin scris. Înainte de operație, poate fi folositoare înregistrarea unui mesaj pentru robotul telefonic/mesageria vocală pentru a-i informa pe cei care vor suna despre dificultățile de vorbire posibile postoperatorii.

Un electrolaringe poate fi utilizat pentru a vorbi în cateva zile dupa intervenția chirurgicală. Din cauza inflamării gâtului și a faringelui, cât și a suturilor, calea intraorala de furnizare a vibrațiilor printr-un tub ca un pai este preferată.

Pregătirea pentru intervenția chirurgicală

Înainte de intervenția chirurgicală, este important să discutați temeinic cu chirurgul toate opțiunile terapeutice și chirurgicale disponibile, precum și despre rezultatele acestora pe termen scurt și lung. Pacienții programați pentru intervenții chirurgicale pot fi anxioși și supuși unui stres foarte mare. Prin urmare, este important să existe un avocat al pacientului (cum ar fi un membru al familiei sau un prieten) care să participe de asemenea la reuniunile cu chirurgul. Este important să cereți și să dezbateți în mod liber orice preocupare și să solicitați clarificări. Ar putea fi necesar să ascultați în mod repetat aceleași explicații până când sunt pe deplin înțelese. Este util să pregătiți întrebările pentru chirurg, înainte de discuția cu acesta.

În plus față de consultarea cu chirurgul este, de asemenea, important să discutați și cu următorii furnizori de servicii medicale:

- Medici interniști/ sau medici de familie
- Orice specialist care vă consultă pentru o problemă serioasă de sănătate (cardiolog, pneumolog, etc)
- Radioterapeut
- Oncolog
- Anestezist
- Dentist
- Foniatru
- Asistent social sau Psiholog
- Nutriționist

Este de asemenea foarte util să întâlniți și alți pacienți laringectomizați. Ei pot ghida pacientul în legatură cu opțiunile viitoare de recuperare a abilității de a vorbii, împartășesc unele dintre experiențele lor, și pot dărui sprijin emoțional.

Obținerea celei de-a doua opinii

Când un pacient se confruntă cu un nou diagnostic medical, care pentru tratament necesită o alegere între mai multe opțiuni terapeutice, inclusiv chirurgie, este important să obțină și o a doua opinie. Pot exista modalități terapeutice medicale și chirurgicale diferite, asa că a doua opinie (sau chiar a treia) poate fi foarte importantă. Obținerea unui astfel de aviz de la medici cu experiență în problema respectivă este judicioasă. Există multe situații în care tratamentul aplicat nu mai poate fi retras. De aceea alegerea cursului de terapie trebuie să se facă dupa consultarea cu cel puțin înca un specialist.

Unele persoane pot fi reticente să ceară a doua opinie. Unii ar putea să se teamă că acțiunea lor ar putea fi interpretată de către chirurgul lor ca o dovadă de lipsă de respect sau încredere. Majoritatea medicilor îi încurajează pe pacienți să obțină o a doua opinie și nu se vor simți insultați sau intimidați din cauza acestui fapt. În plus, mulți asiguratori medicali sunt de acord   cu   această   conduită.

Efectuarea tuturor investigaţiilor medicale şi obţinerea celei de-a doua opinii din partea altui medic, consumă în general timp şi efort. Chiar dacă pacienţii cu cancer sunt de cele mai multe ori grăbiţi să înceapă un tratament împotriva bolii, cateodată merită să aştepte şi a doua opinie.

Controlul durerii după intervenţia chirurgicală

Gradul de durere experimentat după laringectomie (sau după orice alt tip de operaţie la nivelul capului şi gâtului) este foarte subiectiv, dar, ca regulă generală, cu cât intervenţia chirurgicală este mai extinsă, cu atat este mai probabil ca pacientul să aibă dureri. Anumite tipuri de proceduri de reconstrucţie, în care ţesutul este transferat de la nivelul muşchilor pieptului, antebraţului, coapsei, jejun sau stomac tracţionate prin torace la nivel cervical, sunt mai susceptibile sa fie asociate cu prezenţa/prelungirea perioadei în care pacientul are dureri.

Cei care au avut parte de o disecţie radicală a gâtului ca parte a intervenţiei chirurgicale, pot suferi dureri suplimentare. În prezent, majoritatea pacienţilor beneficiază de disecţie radical-modificată a gâtului, când se pastrează nervul spinal. Dacă nervul spinal este tăiat şi îndepărtat în timpul operaţiei, pacientul are şanse să ramână cu un discomfort, rigiditate şi pierderea pe termen lung a intervalului de mişcare a articulaţiei umărului. O parte din acest discomfort poate fi ameliorată prin exerciţii şi fizioterapie.

Pentru persoanele care prezintă durere cronică postoperatorie este foarte util să fie evaluate de către un expert în managementul durerii.

CAPITOLUL 3

Efectele secundare ale radioterapiei pentru cancerul capului și gâtului

Radioterapia (RT) este adesea folosită pentru a trata cancerul capului și gâtului. Scopul radioterapiei este de a ucide celulele canceroase. Deoarece aceste celule se divid și cresc la o viteza mai mare decat celulele normale, este mult mai probabil sa fie distruse de radiații. În schimb, deși pot fi afectate, celulele sănătoase se recuperează în general.

Dacă se recomandă radioterapie, oncologul stabilește un plan de tratament plan care include doza totală de radiații care trebuie administrata, numarul de ședințe și programarea calendaristică a acestora. Toate aceste elemente se stabilesc în funcție de tipul și localizarea tumorii, starea de sănătate a pacientului și alte tratamente efectuate în trecut sau prezent.

Efectele secundare ale radioterapiei pentru cancerul capului și gâtului se împart în acute (precoce) și cronice (pe termen lung). Reacțiile adverse precoce apar în timpul radioterapiei și în perioada imediat urmatoare acesteia (aproximativ 2-3 săptămâni după terminarea RT). Efectele cronice se pot manifesta oricând după aceea, de la săptămâni la ani mai tarziu.

Pacienții sunt, de obicei, cei mai afectați de efectele timpurii ale RT, deși acestea se vor rezolva in timp. Cu toate acestea, pentru că efectele pe termen lung pot necesita îngrijire pe tot parcursul vieții, este important să le recunoastem pentru a le putea împiedica sau trata consecințele lor. Cunoașterea efectelor secundare ale radiațiilor poate permite detectarea lor precoce și gestionarea adecvată.

Persoanele cu cancer de cap și gât ar trebui să primească consiliere despre importanța renunțării la fumat. În plus față de asta, faptul că fumatul este un factor major de risc pentru cancerul capului și gâtului, riscul de cancer la fumatori este sporit și mai mult de consumul de alcool. Fumatul poate influența de asemenea prognosticul bolii. Când pacientul contină să fumeze atât în timpul cât și după RT, poate crește severitatea sau înrăutăți senzația de gură uscată (xerostomie) și poate compromite rezultatul final. Pacienții care continuă să fumeze în timpul RT au o rată mai scazută de supraviețuire pe termen lung, decât cei care nu fumează.

- **Efectele secundare acute/precoce**

Efectele secundare precoce includ inflamația mucoasei orofaringiene (mucozita), dureri la înghițire (odinofagie), dificultăți la înghițire (disfagie), răgușeală, lipsă de salivă (xerostomie), durere orofacială, dermatită, greață, vărsături și scădere în greutate. Aceste complicații pot interfera cu tratamentul și îl pot întârzia. Intr-o anumită măsură, aceste reacții adeverse apar la majoritatea pacienților și, în general, dispar în timp.

Severitatea acestor efecte secundare este influențată de cantitatea și metoda prin care se administrează RT, localizarea și răspândirea tumorii și de starea prezentă de sănătate cât și de obiceiurile generale ale pacientului (adică fumatul continuu, consumul de alcool).

Deteriorarea pielii

Radiațiile pot provoca leziuni ale pielii care pot fi cauzate de arsuri, agravate și mai mult de chimioterapie. Se recomandă evitarea expunerii la potențiale iritante chimice, soare și vânt direct, și evitarea aplicațiilor locale de lotiuni și unguente înainte de ședința de RT, care ar putea schimba adâncimea de pătrundere a radiațiilor. Există o serie de produse de îngrijire a pielii care pot fi utilizate în timpul tratamentului cu radiații, pentru a lubrifia și proteja pielea.

Gura uscată (xerostomia)

Pierderea producției de salivă (sau xerostomia) este legată de doza administrată de raze și de volumul țesutului salivar iradiat. Consumul de lichide adecvate, clătirea și gargara cu o soluție slabă în sare și bicarbonat de sodium sunt utile pentru a reîmprospăta gura, a diminua secrețiile groase și a atenua durerile ușoare de la acest nivel. Saliva artificială și umectarea constantă a gurii cu apă pot fi, de asemenea, de ajutor.

Modificarea gustului

Radiațiile pot provoca modificari ale gustului, precum și durere la nivelul limbii. Asemenea efecte adverse pot conduce la scăderea aportului alimentar. Gustul modificat și glosodinia dispar treptat la majoritatea pacienților, de-a lungul unei perioade de 6 luni, dar în unele cazuri recuperarea gustului e incompletă. Mulţi indivizi experimentează o modificare permanentă a gustului lor.

Inflamaţia mucoasei orofaringiene (mucozita)

Radiaţiile, precum şi chimioterapia, afectează mucoasa orofaringiană, ducând la mucozită, care se dezvoltă treptat, de obicei trec două până la trei săptămâni de la începerea radioterapiei. Incidenţa şi severitatea acesteia depind de campul, doza totală şi durata RT. Chimioterapia poate agrava această complicaţie. Mucozita poate fi dureroasă şi poate interfera cu aportul alimentar şi implicit influenţează nutriţia pacientului.

Managementul include igiena orală meticuloasă, modificarea dietei şi anestezice topice combinate cu un antiacid şi antifungic suspensie. Mancarea picantă, acidă, dură sau fierbinte ar trebui evitată, precum şi consumul de alcool. Infecţiile secundare supraadăugate bacteriene, virale (Herpes) şi fungice (Candida) sunt probabile. Controlul durerii (folosind opiacee sau gabapentin) poate fi necesar.

Mucozita poate duce la deficienţe nutriţionale. Cei care experimentează scăderea semnificativă a greutăţii sau episoade recurente de deshidratare pot necesita montarea unei sonde de alimentaţie nazogastrică sau a unei gastrosome, şi reluarea alimentaţiei prin intermediul acestora.

Durerea orofacială

Durerea orofacială este frecventă la pacienţii cu cancer de cap şi gât şi apare la jumătate dintre pacienţi înainte de radioterapie, 80% dintre pacienţi în timpul tratamentului şi aproximativ o treime dintre pacienţi la 6 luni după tratament. Durerea poate fi cauzată de mucozită, care poate fi agravată prin chimioterapia concomitentă, şi prin leziunile cauzate de către tumoră (infecţie, inflamaţie şi cicatrizări datorate intervenţiilor chirurgicale sau altor tratamente. Mangementul durerii include utilizarea de analgezice şi narcotice.

Greaţa şi vărsăturile

RT poate provoca greaţă. Când se produce, se întamplă în general la 2-6 ore după o sedinţa de RT, şi durează aproximativ 2 ore. Greaţa poate sau nu să fie însoţită de vărsături.

Managementul include:

- Porții mici, frecvente pe parcusul zilei, în loc de 3 mese mari. Greața este deseori mai gravă când stomacul este gol.

- Trebuie să mănânce încet, să mestece complet mancarea și să ramână liniștiți, relaxați după masă

- Consumul de alimente reci sau la temperatura camerei. Mirosul de fierbinte sau alimentele calde pot provoca greață.

- Evitarea alimentelor dificil de digerat, cum ar fi alimentele picante sau alimentele bogate în grăsimi sau însoțite de sosuri bogate

- Odihnă după masă. Când se culcă, capul trebuie să fie ridicat la aproximativ 30 de cm

- Băuturile trebuie să fie consumate între mese, și nu în timpul acestora

- Consumați 6-8 pahare de apă pe zi, ca să evitați deshidratarea

- Mâncați mai multe alimente în zilele în care greața este de intensitate mică

- Informați medicul înainte de inițierea oricărui tratament dacă aveți greață persistentă

- Vărsăturile persistente trebuie să fie tratate imediat, deoarece acest lucru poate provoca deshidratare

- Administrarea medicamentelor anti-greață sub supravegherea personalului medical

Vărsăturile persistente pot duce la pierderea din organism a unor cantități mari de apă și substanțe nutritive. Dacă vărsăturile au o frecvență mai mare de 3 ori pe zi, iar pacientul nu bea suficientă apă, acesta poate ajunge la deshidratare. Această condiție poate provoca complicații grave dacă este netratată.

Semnele de deshidratare constau în:

- Cantitate mică de urină

- Urină închisă la culoare/concentrată

- Frecvență cardiacă crescută

- Dureri de cap

- Piele uscată, palidă

- Limba încărcată

- Iritabilitate

- Confuzie

Vărsăturile persistente pot reduce eficacitatea medicamentelor. Dacă vărsăturile continuă, RT poate fi oprită temporar. Fluidele administrate intravenos ajută organismal să recâștige substanțele nutritive și electroliții pierduți.

Oboseala

Oboseala este una dintre cele mai frecvente efecte secundare ale RT. Aceasta devine din ce în ce mai mare în timp și de obicei durează până la 3 la 4 săptămâni după terminarea RT, dar poate continua până la 2-3 luni.

Factorii care contribuie la oboseală sunt anemia, micșorarea aportului alimentar și lichidian, medicamentele, hipotiroidismul, durerea, stresul, depresia și lipsa de somn și de odihnă.

Odihna, conservarea energiei și corectarea celorlalți factori pot ameliora fatigabilitatea.

Alte reacții adverse

Acestea includ trismus (pag 22) și probleme de auz (pag 25).

- **Efecte adverse cronice**

Efectele secundare cronice ale RT includ pierderea permanentă a salivei, osteoradionecroza, ototoxicitate, fibroză, limfedem, hipotiroidism și deteriorarea structurilor gâtului.

Gura uscată în permanență

Deși xerostomia se ameliorează în timp la majoritatea pacienților, aceasta poate dura ceva timp.

Managementul ei include substituenți salivari sau saliva artificială și creșterea aportului de apă. Acest lucru poate duce la urinare frecventă în timpul nopții, în special la bărbații care au concomitent hipertrofie benigna de prostată sau la pacienții cu vezica urinara mică. Tratamentul disponibil include medicamente cum ar fi stimulentele salivare, pilocarpina, amifostina, cevimelina și acupunctura.

Osteoradionecroza mandibulei

Aceasta este o complicație potențial severă și poate necesita intervenție chirurgicală și reconstructivă. În funcție de localizarea și extensia leziunii, simptomele pot include durere, halenă fetidă, distorsiuni ale gâtului (disgeuzie), "senzație de rău", amorțeală (parestezie, anestezie), trismus, dificultăți de masticație și vorbire, fistula, fractura în os patologic, și infecții locale, răspândite sau sistemice.

Mandibula este osul cel mai frecvent afectat, în special la cei tratați pentru cancer nazofaringian. Maxilarul este implicat mai rar din cauză circulatiei sanguine colaterale pe care o primește.

Extracția dentară și bolile dentare în zonele iradiate sunt factori importanți în dezvoltarea osteoradionecrozei (vezi problemele dentare pagina   ). În unele cazuri este necesar să eliminați dinții bolnavi înainte de radioterapie, dacă aceștia vor fi în câmpul care primește radiații și dacă sunt prea degradați pentru a putea fi păstrați prin tratamente de canal sau rădăcină. Un dinte nesănătos poate servi drept sursă de infectie la nivelul maxilarului, ce poate deveni foarte dificil de tratat după radiații.

Tratarea dinților neraparabili și bolnavi înainte de RT poate reduce riscul acestor complicații. Osteoradionecroza usoară poate fi tratată conservativ cu debridarea plăgii, antibiotice și ocazional ecografie. Atunci când necroza este extinsă, este folosită rezecția radicală a zonei respective, urmată de reconstrucția microvasculară.

Profilaxia dentară poate reduce această problemă (vezi problemele dentare pagina ....). Tratamentele speciale cu fluor pot ajuta la problemele dentare, împreună cu periajul, utilizarea aței dentare și curățarea regulată de către un stomatolog.

Terapia cu oxigen hiperbar (HBO) a fost adesea utilizată la pacienții cu riscuri și la cei care dezvoltă osteoradionecroză mandibulară. În orice caz, datele disponibile sunt în contradicție cu beneficiile clinice ale HBO pentru prevenirea și tratamentul osteoradionecrozei (vezi oxigenul hiperbar pagina….)

Pacienții trebuie să le menționeze stomatologilor despre radioterapia suferită înainte de orice extracție sau chirurgie dentară. Osteoradionecroza poate fi prevenită prin administrarea unei serii de terapii HBO înainte și după RT. Acest lucru este recomandat în cazul în care dintele a fost expus la o doză mare de radiații. Consultarea medicului radioterapeut care s-a ocupat de tratament în privința gradului de expunere prealabilă poate fi utilă.

Fibroza și trismusul

Dozele mari de radiații la nivelul capului și gâtului pot duce la fribroză. Aceasta poate fi agravată după intervenția chirurgicală, când gâtul poate dezvolta o textură lemnoasă și poate avea miscarile limitate. Târziu, fibroza se poate instala, de asemenea, la nivelul faringelui și esofagului cauzând stricturi, stenoze și probleme la nivelul articulației temporo-mandibulare.

Fibroza mușchilor masticatori poate duce la incapacitatea de a deschide gura (trismus), care poate progresa în timp. În general, mâncarea devine din ce în ce mai dificil de mestecat, dar articularea cuvintelor nu este afectată. Trismusul împiedică îngrijirea și tratamentul adecvat al cavității orale, și poate provoca tulburări de vorbire și înghițire. Această afecțiune poate fi intensificată de o operație efectuata înaintea RT. Pacienții care dezvoltă trismus sunt cei cu tumori ale nazofaringelui, palatului și sinusului maxilar. Iradierea articulației temporomandibulare care este foarte bogat vascularizată și a mușchilor masticatori poate duce la trismus. Trismusul cronic conduce treptat la fibroză. Deschiderea forțată a gurii, exerciții pentru mandibular și utilizarea unui dispozitiv dinamic de deschidere a gurii poate fi util. Acest dispozitiv este utilizat din ce în ce mai mult în timpul RT ca masură profilactică în prevenția trismusului.

Exercițiile fizice pot reduce rigiditatea gâtului și mărește gradul de mișcare a gâtului. Trebuie să faceți aceste exerciții de-a lungul vieții pentru a menține mobilitatea gâtului. Acest lucru este valabil mai ales dacă rigiditatea este datorată radiațiilor. Tratamentul fizic executat de un fizioterapeut cu experiență, care poate, de asemenea, descompune fibroza, este foarte util. Cu cât fizioterapia este inițiată mai precoce, cu atât este mai bine pentru pacient. O nouă modalitate de tratament disponibilă este laserul.

Fibroza capului și gâtului poate fi și mai severa la cei care au suferit o intervenție chirurgicală la acest nivel sau un alt tratament radioterapic. Fibroza postradica poate implica de asemenea pielea și țesuturile subcutanate, provocând discomfort și limfedem.

Problemele de înghițire datorate fibrozei necesită adesea o schimbare în dieta, întărirea faringelui sau reînvățarea înghițitului, mai ales în cazul pacienților care au beneficiat de tratament chirurgical și/sau chimioterapie. Exercițiile de înghițire sunt utilizate din ce în ce mai frecvent ca masură preventivă. (vezi *dificultăți de înghițire* pagina ...). Strictura/stenoza parțială sau totală a orofaringelui apare în cazurile severe de fibroză.

Probleme de vindecare a plăgilor

Unii pacienții laringectomizați pot manifesta probleme de vindecare a plăgilor postoperatorii, în special în zonele în care a fost aplicată RT. Unii pot dezvolta o fistulă (o comunicare între faringe și piele). Plăgile care se vindecă într-un mod mai lent pot fi tratate cu antibiotice și pansamente sterile. (vezi *fistulele faringo-cutanate* pagina ...)

Limfedemul

Obstruarea căii de drenaj limfatic cutanat duce la limfedem. Edemul faringian sau laringian semnificativ poate interfera cu capacitatea de a respira și pacientul poate necesita traheostomie temporară sau pe termen lung. Limfedemul, stenozele și alte disfuncții predispun pacienții la aspirația secrețiilor/alimentelor și la necesitatea unui tub de alimentație. (vezi *limfedemul* pagina ...)

Hipotiroidismul

Radioterapia este aproape întotdeauna asociată cu hipotiroidism. Incidența variază, fiind dependentă de doza de radiații, și crește odată cu creșterea intervalului de timp de la terminarea RT. (vezi *scăderea hormonilor tiroidieni și tratament,* pagina ....)

Problemele neurologice

Iradierea gâtului poate afecta, de asemenea, măduva spinării, ducând la o mielită transversală autolimitată, cunoscută sub numele de "semnul Lhermitte". Pacientul simte o senzație de soc electric. Această condiție rareori progresează spre o adevarată mielită transversală, care este asociată cu sindromul Brown-Sequard (pierderea senzaţiei şi funcţiei motorii, cauzată de tăierea laterală a măduvei spinării).

Radioterapia poate provoca, de asemenea, disfuncţii ale sistemului nervos periferic, care rezultă din fibroza compresiva externă a ţesuturilor moi şi din reducerea aportului de âange cauzată de fibroză. Durerea, pierderea sensibilităţii şi slăbiciunea sunt cele mai frecvent observate carcteristici clinice ale disfuncţiei sistemului nervos periferic. Disfuncţia autonomă cu hipotensiune ortostatică (scăderea anormală a tensiunii arteriale atunci când o persoană se ridică în picioare) şi alte anomalii pot, de asemenea, să fie întâlnite.

Ototoxicitatea

Iradierea urechii poate duce la otita seroasă (otită cu efuziune). Dozele mari de ieradiere pot provoca şi pierderea auzului neuro-senzorial (prin afectarea urechii interne, a nervului acustico-vestibular, a creierului).

Deteriorarea structurilor gâtului

Edemul gâtului şi fibroza sunt frecvente după RT. În timp, edemul se poate întări, ducând la rigiditatea gâtului. Deteriorarea poate include, de asemenea stenoza arterei carotide şi accident vascular cerebral, ruptura arterei carotide, fistula oro-faringo-cutanată (ultimele două sunt asociate şi cu tratamentul chirurgical) şi deteriorarea baroreceptorilor carotidieni care duc la o permanentă şi paroxistică hipertensiune arterială (bruscă şi recurentă).

Stenoza arterei carotide. Arterele carotide furnizează sânge de la inima la creier. Iradierea gatului a fost gasită raspunzatoare de stenoza sau îngustarea arterei carotide, reprezentând un risc semnificativ pentru pacienţii cu cancer de cap şi gât, inclusiv mulţi laringectomizaţi. Stenoza poate fi diagnosticată prin ultrasunete, precum şi angiografie. Este important să se diagnosticheze stenoza carotidă devreme, înainte ca un accident vascular cerebral să aibă loc.

Tratamentul include eliminarea blocajului (endarterectomie), plasarea unui stent (un dispozitiv mic plasat în interiorul arterei pentru a o lărgi), sau o protezare   by-pass   a   carotidei.

Hipertensiunea datorată deteriorării baroreceptorilor. Radiațiile de la nivelul capului și gâtului pot deteriora baroreceptorii localizați în artera carotidă. Acești baroreceptori (senzori de presiune sanguină) ajută la reglarea tensiunii arteriale prin detectarea presiunii sângelui care curge și la trimiterea mesajelor către sistemul nervos central pentru a crește sau scădea rezistența vasculară periferică și a debitului cardiac.

Unii pacienți iradiati pot dezvolta hiperteniune labilă sau paroxistică.

Hipertensiunea labilă. În această stare tensiunea arterială fluctuează mult mai mult decât de obicei în timpul zilei. Se poate urca rapid de la valori mici (de exemplu, 120/80 mm Hg), la valori mari (de exemplu, 170/105 mm Hg) În multe cazuri, aceste fluctuații sunt asimptomatice, dar pot să fie asociate cu dureri de cap. Există o relație/legatură între creșterea presiunii sanguine și stresul sau dezechilibrul emoțional.

Hipertensiunea paroxistica. Pacienții prezintă o crestere bruscă a tensiunii arteriale (care poate fi mai mare de 200/110 mm Hg), asociată cu un debut brusc de simptome fizice dureroase, cum ar fi dureri de cap, dureri în piept, amețeală, greață, palpitații, înroșirea feței și transpirație. Episoadele pot dura de la 10 minute până la câteva ore și pot apărea o dată la câteva luni, sau o dată/de două ori pe zi. Între episoade, tensiunea arterială este normală sau poate fi ușor ridicată. În general, pacienții nu pot identifica factori psihologici evidenți care provoacă paroxismele. Medical, condițiile care pot provoca, de asemenea, astfel de modificări de tensiune arterială trebuie să fie excluse (de exemplu, feocromocitom).

Ambele condiții sunt grave și trebuie tratate. Gestionarea lor poate fi dificilă și trebuie facută de specialist cu experiență.

Mai multe informații despre radioterapie pot fi gasite pe site-ul Institutului Național al Cancerului la adresa:
http://www.cancer.gov/cancertopics/pdq/supportivecare/oralcomplications/pacient/page5

CAPITOLUL 4

Efectele secundare ale chimioterapiei pentru cancerul capului și gâtului

Chimioterapia face parte din suportul terapeutic al pacienților cu metastaze sau recidivă de cancer al capului și gâtului. Alegerea tipului specific de tratament sistemic depinde de tratamentul anterior al pacientului cu agenți chimioterapici dar și de abordarea generală în a conserva organele afectate. Suportul terapeutic include prevenția infecțiilor (ce pot apărea ca urmare a supresiei măduvei osoase) și nutriția adecvată. Opțiunile terapeutice includ tratamentul cu un singur agent chimioterapic sau o combinație dintre agenți citotoxici și/sau agenți țintiți asupra unor molecule specifice, la care se adaugă suportul terapeutic. Tratamentul chimioterapic se efectuează în cicluri ce alternează cu perioadele de tratament și odihnă. El poate dura câteva luni sau chiar mai mult. O listă cu toți agenții chimioterapici poate fi consultată pe http://www.tirgan.com/chemolst.htm.

Medicamentele chimioterapice, care, de regulă, se administrează intravenos, au acțiune în tot organismul și împiedică creșterea și dezvoltarea celulelor canceroase. Chimioterapia pentru cancerul de cap și gât se efectuează, de obicei, împreună cu radioterapia, tratamentul purtând numele de radio-chimioterapie. Chimioterapia poate fi adjuvantă sau neo-adjuvantă.

Chimioterapia adjuvantă este folosită ca tratament post-chirurgical pentru a reduce riscul recidivei și pentru a elimina toate celulele canceroase care ar fi putut disemina în organism. Chimioterapia neoadjuvantă este administrată înaintea intervenției chirurgicale pentru a reduce dimensiunea tumorii și pentru a o face mai ușor de rezecat.

Chimioterapia administrată înaintea radio-chimioterapiei se numește chimioterapie de inducție.

Efectele secundare ale chimioterapiei

Tipul de efecte secundare depinde în funcție de individ. Există persoane care prezintă puține efecte secundare, în timp ce altele au mai multe. Mulți pacienti nu prezintă efecte secundare decât la finalul tratamentului, acestea neavând o durată foarte mare.

Chimioterapia poate cauza, însă, o serie de efecte secundare temporare. Deși acestea se pot înrăutăți din cauza combinației cu radioterapia, ele dispar gradual odată ce tratamentul ia sfârșit. Efectele secundare depind în funcție de agentul/agenții chimioterapici folosiți. Acestea apar deoarece toate celulele în curs de creștere sunt distruse, cum ar fi celulele tractului digestiv, foliculii părului și măduva osoasă (care produce celulele albe și roșii) și, bineînțeles, celulele canceroase.

Cele mai frecvente efecte secundare sunt greață, vărsături, diaree, inflamație (mucozită) orală (care determină probleme la înghițit și probleme senzitive la nivelul cavității bucale și a gâtului), risc crescut de infecții, anemie, căderea părului, oboseală generalizată, amorțeala mânilor și picioarelor, pierderea auzului, afectare renală, sângerări, probleme de echilibru. Oncologul, alături de medici de alte specialități, supraveghează și tratatează aceste efecte secundare.

Efecte secundare frecvente includ:

- **Rezistență scăzută la infecții**

Chimioterapia poate reduce temporar producția de celule albe (neutropenie) și astfel, pacientul este mai susceptibil la infecții. Acest efect începe cam la șapte zile de la începerea tratamentului, având un vârf la 10-14 zile de la sfârșitul chimioterapiei. După acestă perioadă, numărul de celule sanguine începe să crească și ajung la normal înainte de începerea unui nou ciclu de tratament. Semnele de infecție include febră (38°C) și/sau stare generală alterată. Înainte de începerea unui nou ciclu de chimioterapie, se efectuează teste de sânge pentru a se vedea dacă numărul de celule albe este optim. În cazul în care celulele sângelui nu se refac, următorul ciclu de tratament poate fi amânat.

- **Vânătăi (echimoze) sau sângerări**

Chimioterapia poate favoriza apariția echimozelor sau a sângerărilor deoarece, sub tratament, numărul de plachete sanguine care au rol în coagulare, se reduce. Astfel, pot apărea sângerările nazale, peteșiile, erupțiile cutanate sau sângerările gingivale.

- **Anemia**

Chimioterapia poate determina anemie (număr redus de celule roșii). Pacientul se simte obosit și dispneic. Anemia severă se poate trata cu transfuzii de sânge sau medicație care favorizează producția de celule roșii.

- **Căderea părului**

Unii agenți chimioterapici pot cauza pierderea părului. Părul crește aproape întotdeauna într-o perioadă de 3-6 luni de la finalul tratamentului. Între timp, pacientul poate purta o perucă, bandană sau eșarfă.

- **Dureri și ulcerații bucale**

Unele medicamente chimioterapice pot cauza inflamație la nivelul gurii (mucozită) care îngreunează masticația și deglutiția și care pot cauza sângerări orale, disfagie, deshidratare, greață, vărsături, dureri în piept, sensibilitate crescută la alimente sărate, condimentate, reci/fierbinți. Acești agenți medicamentoși pot cauza ulcerații (stomatită) care determină dificultăți de alimentație.

Greața și vărsăturile pot fi tratate cu medicamente anti-emetice. Apa de gură folosită regulat poate fi de ajutor. Aceste efecte secundare au un impact asupra deglutiției si nutriției. De aceea, este importantă suplimentarea alimentației cu băuturi nutritive sau supe. Pentru menținerea unei diete adecvate, este important un consult la un medic nutriționist.

Agenții citotoxici cei mai frecvenți asociați cu disfagie orală, faringiană și esofagiană sunt antimetaboliți precum metrotrexat și fluorouracil. De asemenea, chimioterapicele cu rol în potențarea efectelor radioterapiei, pot să determine mucozita de cauză radioterapică.

- **Oboseala**

Chimioterapia afectează fiecare individ în mod diferit. O parte din ei pot duce o viață normală în timpul tratamentului, în timp ce alții devin moleșiți și obosiți și trebuie să ia lucrurile mai ușor. Orice agent chimioterapic poate cauza oboseală, care poate dura câteva zile sau care poate persista și după încheierea tratamentului. Medicamente precum vincristină, vinblastină şi cisplatină deseori determină apariţia oboselii.

Factorii care contribuie la apariţia oboselii sunt anemia, alimentaţia deficitară, medicaţia, hipotiroidismul, durerea, stresul, depresia, insomnia.

Odihna, conservarea energiei şi corecţia factorilor de mai sus pot ameliora starea de oboseală.

Mai multe informaţii pot fi găsite pe site-ul Institutului Naţional de Cancer: http://www.cancer.gov/cancertopics/pdq/supportivecare/oralcomplications/Patient/page5.

CAPITOLUL 5

Limfedemul, umflarea gâtului și paresteziile postiradiere și postchirurgical

Limfedemul

Vasele limfatice drenează fluidele din țesuturi și permit celulelor imune să traverseze tot organismul. Limfedemul reprezintă o retenție localizată de lichid limfatic și edem al țesuturilor cauzat de o funcționare deficitară a sistemului limfatic. Limfedemul, o complicație frecventă după intervenția chirurgicală sau radioteterapie, reprezintă o acumulare anormală de lichid bogat în proteine în spațiul dintre celule și care determină inflamație cronică și fibroză reactivă a țesuturilor afectate.

Iradierea determină cicatrici care interferează cu funcționarea normală a vaselor limfatice. Atunci când, în timpul intervenției chirurgicale, se îndepărtează cancerul, se îndepărtează și ganglionii limfatici cervicali. Odată cu acestea, se elimină și sistemul de drenaj al acestor ganglioni și anumiți nervi senzitivi sunt tăiați, permanent. În consecință drenajul cervical va dura mai mult și rezultă edemul. La fel ca inundațiile după ploi abundente, când sistemul de drenaj este blocat, intervenția chirurgicală determină formarea de lichid limfatic care nu mai poate fi evacuat cum trebuie. Suplimentar, apare și amorțeala zonei afectate, din cauza nervilor care sunt tăiați (de obicei, la nivelul gâtului, bărbiei și în spatele urechilor). Drept urmare, o parte din lichidul limfatic nu mai poate reintra în circulația sistemică și se va acumula în țesuturi.

Există două tipuri de limfedem care pot apărea la pacienții cu cancer de cap și gât: unul *extern*, vizibil, cu edem al pielii și al țesuturilor moi și un altul, *intern*, cu edem al mucosei faringo-laringiene. Limfedemul are, în general, un debut lent, dar progresiv; rareori este dureros și poate cauza discomfort sub forma unei senzații de greutate și poate determina schimbări la nivelul pielii.

Limfedemul prezintă mai multe stagii:

Stadiul 0: faza de latență – fără edem vizibil sau palpabil

Stadiul 1: acumularea de edem bogat în proteine, edem care prezintă godeu și care poate fi eliminat prin poziție Trendelenburg

Stadiul 2: godeu progresiv, cu proliferare de țesut conjunctiv (fibroză)

Stadiul 3: edem care nu lasă godeu, fibroza prezentă, scleroza și tegumente modificate.

Limfedemul capului și gâtului poate avea urmari grave. Acestea includ:

- Respiratie dificilă

- Afectarea vederii

- Afectarea funcțiilor motorii (reducerea miscărilor gâtului, tensiune musculară sau trismus mandibular, tensiune musculară a toracelui)

- Afectarea funcțiilor senzitive

- Dificultăți de înghițire, voce și vorbire (imposibilitatea folosirii laringofonului, dificultăți în articularea cuvintelor, hipersalivație și pierderea alimentelor din gură)

- Probleme emoționale (depresie, frustrare și rușinare)

Din fericire, în timp, vasele limfatice crează noi căi de drenaj, iar edemul dispare ușor. Specialiștii în reducerea edemului (fizioterapeuții) pot asista și ajuta pacienții în crearea unui nou drenaj, astfel scurtează timpul în care edemul este prezent. Această intervenție asupra edemului poate, de asemenea, să prevină edemul și fibroza ireversibilă a zonei afectate.

Tratamentul limfedemului include:

- Drenaj limfatic manual (fată și gât, limfaticele profunde, trunchi, cavitate orală)

- Bandaje sau articole de îmbrăcăminte compresive

- Exerciții de remediere

- Îngrijirea pielii

- Reabilitare oncologică

- Diuretice, rezecție chirurgicală, liposucție, pompe de compresie; ridicarea capului ca monoterapie reprezintă un tratament ineficient

Rigiditatea și umflarea gâtului din cauza limfedemului se îmbunătățesc, în general, odată cu trecerea timpului. Somul cu partea superioară a corpului ridicată folosește gravitatia pentru a accelera procesul de drenaj limfatic. Un specialist care tratează edemul limfatic, poate efectua și îl poate învata pe pacient modalități de drenaj manual, care pot reduce edemul. Drenajul limfatic manual implică un tip special de masaj, care ajută la deblocarea limfei și drenarea acesteia în circulație. Mișcarea și exercițiile fizice sunt de asemenea importante în restabilirea drenajului limfatic. Terapeutul care tratează edemul de cap și gât îi poate învăța pe pacienți exerciții specifice care să îmbunătățească mișcările capului și gâtului.

Pacienților li se pot recomanda de către terapeuți anumite bandaje sau articole de îmbrăcăminte non-elastice, care pot fi utilizate acasă de către aceștia. Articolele compresive aplică o presiune blândă asupra regiunilor afectate, mobilizând limfa și prevenind acumularea ei. Aplicarea bandajelor compresive trebuie facută conform indicațiilor unui specialist. Există câteva opțiuni, care depind de localizarea limfedemului, și care ajută la îmbunătățirea confortului și la evitarea complicațiilor produse de o compresie excesivă.

Laserul aplicat extern este o nouă modalitate de tratament care reduce limfedemul, fibroza și rigiditatea musculară consecutivă. Această metodă folosește un fascicul laser cu energie scazută, la care se adauga și experiența terapeutului. Fasciculul laser penetrează țesuturile, unde este absorbit de celule, schimbându-le procesele metabolice. Acest tratament poate reduce limfedemul gâtului și al feței, și crește mobilitatea capului. Este o metodă nedureroasă, care se efectuează prin atingerea instrumentului timp de 10 secunde în câte o regiune a gâtului.

Există experți în fizioterapie în majoritatea comunităților, care se specializează în reducerea edemelor. Este recomandat să se consulte chirurgul pentru a afla dacă fizioterapia este o opțiune terapeutică potrivită pentru limfedem.

Asociația națională de limfedem are un site web (http://www.lymphnet.org/resourceGuide/findTreatment.htm), care conține o listă cu specialiști care tratează limfedemul în America de Nord, Europa și Australia.

Un ghid de facial şi de gât cu masaj autoadministrat este disponibil la: http://www.aurorahealthcare.org/FYWB_pdfs/x23169.pdf.

Parestezia după intervenţia chirurgicală

Ganglionii limfatici cervicali sau glandele sunt, în general, îndepărtaţi chirurgical când cancerul este excizat. Atunci când chirurgii elimină aceste glande, ei, de asemenea, taie unii dintre nervii senzoriali care asigură sensibilitatea jumătăţii inferioare a fetei şi a tegumentului gâtului. Acest lucru creează amorţeala în zonele inervate de nervii secţionaţi. Unele dintre zonele amorţite pot recâstiga sensibilitatea în lunile urmatoare intervenţiei chirurgicale, dar alte zone pot rămâne amorţite în permanenţă.

Majoritatea pacienţilor se obişnuiesc cu amorţeala şi sunt capabili să prevină deteriorarea pielii din cauza unor obiecte ascuţite, a căldurii sau îngheţului. Bărbaţii învaţă să nu-şi rănească zona desensibilizată atunci când se bărbieresc, folosind un aparat electric de ras.

Pielea amorţită trebuie protejată de arsuri solare, prin aplicarea de cremă cu protecţie solară şi/sau prin acoperirea ei cu articole vestimentare. Degerăturile pot fi evitate prin acoperirea zonei afectate cu o esarfă sau un fular.

CAPITOLUL 6

Metode de reabilitare vocală după laringectomie

Deși în urma laringectomiei totale se scoate laringele întreg (corzile vocale/ organul vorbirii), majoritatea laringectomizaților îți pot însuși o nouă metodă de a vorbi. Aproximativ 85-90% dintre laringectomizați pot învăța să vorbească folosind una dintre cele trei metode ce vor fi descrise în continuare. In jur de 10% nu pot comunica prin vorbire dar pot folosi alte metode – bazate pe interacțiunea cu un computer sau altele.

Fiziologic, vorbirea apare în urma procesului de a expira aerul din plămâni, prin vibrarea corzilor vocale. Aceste sunete vibratorii sunt modificate în cavitatea orală de către limbă, buze și dinți pentru a genera sunetul ce va crea vorbirea. Deși corzile vocale, care sunt sursa vibratorie, sunt eliminate în urma laringectomiei totale, alte forme de vorbire pot fi realizate prin folosirea unei noi cai de a folosi aerul expirat și a face alta zonă să vibreze. Altă metodă este de a genera vibrația folosind o sursă artificială ce se va plasa în afara gâtului sau gurii, ulterior prin ultilizarea cavității orale, anterior expusă, formându-se vorbirea.

Metodele de a recăpăta capacitatea vorbirii depind de tipul operației. Unii pacienți pot fi limitați la o singură metodă, pe când alții pot avea posibilitatea alegerii.

Fiecare metodă își are caracteristicile unice, avantajele și dezavantajele. Scopul reabilitării vocale este a de întruni necesitatea de comunicare a fiecărui laringectomizat.

Foniatrii și psihologii, logopezii și trainerii vocali pot asista și îndruma laringectomizatul cum să folosească corect metoda sau dispozitivele pentru a obține o vorbire corespunzatoare. Vorbirea se îmbunătățeste considerabil între 6 luni și un an după laringectomia totală. Reabilitarea vocală activă este asociată cu rezultate funcționale ale vorbirii mai bune.

Cele 3 metode principale de vorbire după laringectomie sunt:

1. Vorbirea traheo-esofagiană

În vorbirea traheo-esofagiană, aerul pulmonar este expirat din trahee în esofag printr-o proteză mică vocală din silicon ce conectează cele două organe. Vibrațiile sunt generate de către faringele inferior (Figura 2).

Proteza vocală se inserează printr-o fistulă (numita fistula traheo-esofagiană – propriu-zis o cale de comunicare) creată de chirurg în regiunea posterioară a stomei traheale. Fistula este facută prin trahee (calea pe care respirăm) și merge spre esofag (calea pe care mâncăm). Această „gaură„/ comunicare poate fi facută în același timp cu operația de laringectomie (fistulă primară) sau la o perioadă dupa ce vindecarea a avut loc (fistula secundară). Un tub mic, denumit buton fonator, se inserează prin această comunicare și va preveni închiderea acesteia. Butonul fonator prezintă la capatul dinspre esofag o valvă cu unic sens și astfel permite pătrunderea aerului în esofag, dar previne aspirarea în trahee și plămâni a lichidelor înghițite.

Vorbirea este posibilă prin redirecționarea aerului expirat prin butonul fonator în esofag în urma acoperii temporare a stomei. Aceasta poate fi facută prin etanșeizarea acesteia cu ajutorul degetului sau prin apăsarea unui dispozitiv special – filtru de umiditate și căldură HME (Heat Moist Exchanger) – care poate fi purtat la nivelul stomei. Acest filtru recuperează parțial din funcția nazală care a fost pierdută. Unii pacienți folosesc un sistem „hands-free" (valvă automată) care este activată în urma vorbirii.

Dupa ce stoma este acoperită, aerul ce este expirat din plamani trece prin butonul fonator în esofag producând vibrații la nivelul pereților acestuia. Aceste vibrații sunt folosite de cavitatea orală (limbă, buze, dinți, etc) pentru a crea vocea.

Există doua tipuri de proteze: în primul rând cele care pot fi schimbate de către pacient singur sau cu ajutorul unei alte persoane și în al doilea rând, cele care sunt schimbate de către un specialist în domeniul ORL.

Filtrul HME sau valva hands-free sunt atașate în fața stomei în diverse moduri: cu ajutorul unor dispozitive adezive sau pe o canulă traheală care este poziționată în stoma traheală.

Pacienții care folosesc butonul fonator au avut cele mai bune rezulate în discursul inteligibil între 6 luni și un an după laringectomia totală.

Tracheoesophageal Voice Prosthesis

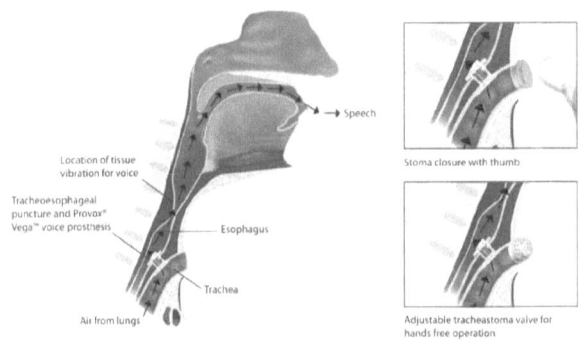

Fig. 2: Vocea traheo-esofagiană

2.   Vocea esofagiană

În vocea esofagiană, vibrațiile sunt generate cu ajutorul aerului eructat în esofag. Această metodă nu necesită nici un dispozitiv.

Dintre cele trei metode de reabilitare vocală după laringectomie, vocea esofagiană necesită cea mai lungă perioadă de învățare. Pe de altă parte, are numeroase avantaje, printre care se enumeră mai ales libertatea de a depinde de alte dispozitive și intervenții suplimentare.

Anumiți logopezi sunt familiarizați cu conceptul vocii esofagiene și pot asista laringectomizatul în deprinderea acestei metode. Cărțile de autoîngrijire și filmele pot fi de asemenea de ajutor în învațarea acesteia.

Esophageal Speech

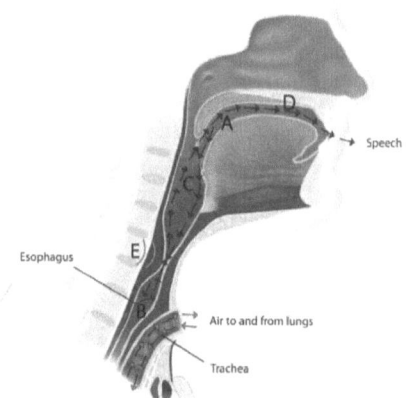

Fig.3 Vocea esofagiană

3. Laringofonul sau vocea artificială

Vibrațiile în această metodă de reabilitare vocală sunt generate de către un dispozitiv extern, pe bază de baterie – laringofon (electrolaringe sau laringe artificial). Acesta se plasează, de obicei, pe obraz sau sub barbie (Fig. 4)

Generează o vibrare care ajunge la nivelul gâtului și cavității orale a utilizatorului. Persoana respectivă modifică sunetul folosindu-și cavitatea orală pentru a genera vocea.

Există două metode pentru a face ca sunetul vibrator creat de către laringofon să ajungă la nivelul gâtului și cavității orale. Una este direct în gura printr-un tub iar cealaltă prin plasarea direct pe pielea gâtului sau a feței.

Laringofonul este adesea folosit de către laringectomizat imediat după laringectomie sau cât timp sunt încă spitalizați. Din cauza tumefierii locale și a plăgii cervicale, calea intraorala de livrare a vibrațiilor este preferată. Mulți larigectomizați pot învața celelalte metode mai tarziu. Totuși, ei pot deține un laringofon în cazul în care au dificultăți cu metoda de vorbire.

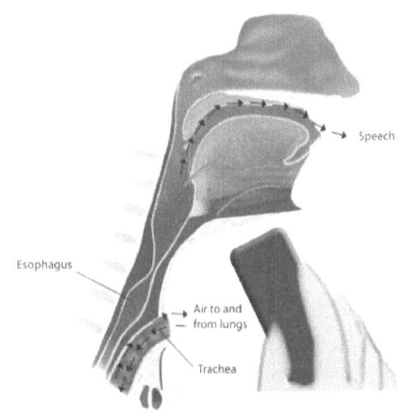

Fig. 4 Laringofon sau vocea laringiană artificială

Alte metode de vorbire

Laringele artificial pneumatic (Laringele Tokyo) este o altă modalitate de a genera vocea. Această metodă folosește aerul expirat din plămâni pentru a vibra un material (din stuf sau cauciuc) care produce sunetul.(Imaginea 1). Cupa dispozitivului este plasată deasupra stomei și tubul se inserează în gura. Sunetul generat ajunge în gura prin intermediul tubului. Nu necesită baterii și este necostisitor.

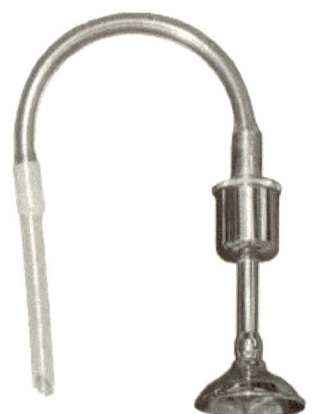

Imaginea 1. Laringele artificial pneumatic

Cei care nu pot folosi niciuna dintre metode pot utiliza vorbirea generată de către computer, folosind un laptop standard sau dispozitive destinate special. Utilizatorul scrie ceea ce vrea să comunice, printr-o tastatură, iar computerul „citește" enuntul. Anumite telefoane pot fi manevrate în același mod.

Respiratia diafragmatică și vocea

Respirația diafragmatică (respirație abdominală) este modul de a respira încet și profund folosind muschiul diafragm, în locul mușchilor cutiei toracice. Atunci cînd respirația se bazează pe muschiul diafragm, în locul pieptului, abdomenul își creste volumul. Această metodă de a respira permite o capacitate mai bună a plămânului de a obține oxigen și de a evacua dioxidul de carbon. Cei care își folosesc gâtul sunt adesea cei care respiră superficial și folosesc o mică parte a capacității pulmonare. Prin tehnica respirației abdominale, pacienul își poate creste stamina și îmbunătăți vocea esofagiană sau traheo-esofagiană.

Cresterea volumului folosind un amplificator al vocii

Una dintre problemele întalnite în folosirea vocii esofagiene sau traheoesofagiene este volumul diminuat al discursului. Folosind un amplificator de voce, care poate fi plasat în jurul taliei, discursul poate deveni mai uşor şi poate fi auzit în locuri cu mult zgomot. De asemenea, poate fi de ajutor în prevenirea deteriorării mecanismelor de etanşeizare ale stomei deoarece, în acest mod, laringectomizatul care foloseşte vocea traheo-esofagiană nu trebuie sa forţeze creşterea presiunii aerului expirat prin butonul fonator.

Vorbitul la telefon

Vorbitul la telefon este adesea dificil pentru laringectomizaţi. Vocea lor este adesea greu de înteles şi anumite persoane pot chiar închide atunci cand îi aud.

Cea mai bună cale este de a informa interlocutorul despre dificultăţile în vorbire ale laringectomizatului, plasând de la bun început întrebarea : „ Mă puteţi auzi?". Aceasta permite laringectomizatului să informeze şi să explice interlocutorului despre dificultăţile în vorbire.

Anumite telefoane pot amplifica vocea, facând astfel posibilă o mai buna înţelegere a discursului laringectomizatului.

Un program naţional telefonic permite persoanelor cu dificultăţi în vorbire să fie înţeleşi şi să comunice la telefon cu ajutorul unui Asistent de comunicaţii, antrenat special în această direcţie. Nu necesită folosirea unui telefon special. Numarul 711 poate fi apelat pentru aceste servicii de telecomunicaţii, oriunde în SUA. Acest sistem facilitează conversaţiile telefonice ce implică oamenii care au dizabilităţi în vorbire sau auz. Toate companiile telefonice din SUA, pe bază de wire-line/wireless, trebuie să asigure serviciile 711.

Comunicarea în locuri cu mult zgomot sau în alte cazuri de dificulate este îmbunătăţită pentru laringectomizaţi prin trimiterea mesajelor scrise (folosind telefoane inteligente).

CAPITOLUL 7

Secreţiile mucoase şi îngrijirea respiratorie

Producerea de mucus este modalitatea corpului de a proteja şi a menţine sănătatea traheei şi a plămânilor. Are rolul de a lubrefia aceste căi respiratorii şi de a le menţine umede. Dupa laringetomie, prin deschiderea traheei la nivelul stomei, laringectomizatul nu mai poate să tuşească mucusul şi ulterior să îl înghită sau sa îl elimine prin suflarea nasului. Procesul de tuse este foarte important în curăţarea mucusului, şi în cele din urmă acesta va avea loc prin stoma traheală.

Tuşind mucusul prin stoma traheală este unica modalitate prin care laringectomizatul îşi poate menţine traheea şi plămânii departe de praf, murdărie, microorganisme şi alţi contaminanţi care pot ajunge în calea aeriană. Oricând apare reflexul de tuse sau strănut, laringectomizatul trebuie să îşi îndepartze filtrul şi să folosească o batistă (de hârtie sau material) pentru mucus.

Consistenţa cea mai bună a secreţiilor este limpede sau aproape limpede şi apoasă. Asemenea consistenţa este însa greu de menţinut din cauza modificărilor mediului înconjurător şi ale climatului. Anumiţi paşi pot fi respectaţi într-o rutină ce poate ajuta menţinerea unui mucus sănătos.

Producerea de mucus şi creşterea umidităţii aerului

Inainte de laringectomie, aerul inhalat este încălzit la temperatura corpului, umidificat şi curăţat de organisme şi particule de praf de către căile respiratorii superioare. Din moment ce aceste funcţii nu mai sunt îndeplinite în cazul laringectomizatului, este importantă reabilitarea acestora.

După laringectomie, aerul inhalat nu mai este umidificat prin pasajul acestuia prin nas şi gură; drept urmare, apar uscăciunea, iritarea traheei şi producerea în exces de mucus. Din fericire, traheea devine tolerantă la aerul uscat pe parcursul timpului. Totuşi, atunci când nivelul de umiditate este foarte scăzut, traheea se usucă, se produc microleziuni şi chiar sângerări. Dacă sângerarea este importantă şi nu raspunde la creşterea umidităţii, trebuie cerut consultul unui medic. De asemenea, este recomandat consultul medical în cazul modificărilor îngrijorătoare ale culorii şi cantităţii mucusului.

Refacerea nivelului de umiditate al aerului inhalat reduce producţia în exces de mucus la un nivel adecvat. Aceasta va scădea şansele unui acces de tuse neaşteptat care poate bloca sistemul de filtrare. Prin cresterea nivelului umidităţii din domiciliu la o umiditate relativă de 40-50% (nu mai mult), sunt ajutate scăderea producerii de mucus şi mentinerea stomei şi a traheei, evitând uscăciunea, microleziunile şi sângerarea. Pe langă faptul că pot fi dureroase, aceste microleziuni pot deveni căi de propagare pentru infecţii.

Paşi pentru a obţine o umiditate mai bună:

- Folosirea unui filtru HME care pastrează umiditatea traheală mare şi menţine căldura în interiorul plămânilor

- Se va uda baveta traheală (în cazul în care este utilizată). Deasemenea, se poate uda spuma filtrului cu apă curată pentru a creste umiditatea.

- Ingestia de lichide într-o cantitate corespunzatoare pentru a menţine un nivel adecvat de hidratare

- Introducerea unei soluţii de ser fiziologic (3-5 ml) în stoma traheală cel puţin de 2 ori pe zi

- Uscăciunea poate fi redusă prin duşarea cu apă caldă, ce creează o atmosferă cu aburi, sau respirarea vaporilor unui ceainic (de la o distanţă corespunzatoare)

- Folosirea unui umidificator pentru a obţine 40-50% umiditate şi achiziţionarea unui higrometru pentru a o monitoriza. Acestea sunt utile atat pe parcursul verii când se foloseşte aerul condiţionat, cât şi pe parcursul iernii, în cazul încălzirii centrale

- Respirarea aburului ce apare în urma firberii apei sau unui dus fierbinte;

Există două tipuri de umidificatoare portabile: pe bază de abur sau pe bază de vapori. Un ecartament digital al umidităţii (hygrometru) poate fi folosit pentru a controla nivelul umidităţii. Pe parcursul timpului, calea aeriană se adaptează, iar necesitatea de a folosi un umidificator poate scădea.

Ingrijirea căii aeriene şi a gâtului, iarna şi în zonele cu altitudine înaltâ

Iarna şi altitudinile înalte sunt situaţii dificile pentru laringectomizaţi. Aerul la altitudine înaltă este mai rarefiat şi mai rece, drept urmare mai uscat. Înainte de laringectomie, aerul este inhalat prin nas unde devine cald şi umed înainte de a pătrunde în plămâni. După laringectomie, aerul nu mai este inhalat prin nas şi pătrunde direct în trahee prin stoma traheală. Aerul rece este mai uscat decât aerul cald şi mult mai iritant pentru trahee. Aceasta apare deoarece aerul rece conţine mai puţină umiditate şi în consecinţă poate usca traheea, apărând sângerările. Mucusul poate deveni mai uscat şi bloca traheea.

Respirâd aerul rece poate deveni un factor iritant asupra căii aeriene, producând contracţiile musculaturii netede care încojoară calea aeriană (bronhospasm). Acest proces scade diametrul căii aeriene, astfel fiind mai dificil inspirul şi expirul şi cauzând dificultăţi în respiraţie.

Îngrijirea căii aeriene include toţii paşii descrişi anterior, precum şi :

- Curăţarea căii aeriene prin tuse sau aspirarea mucusului folosind un aspirator special

- Se evită expunerea la aerul rece, uscat sau cu praf

- Se evită praful, factorii iritanţi şi alergenii

- În cazul expunerii la aer rece, se va lua în considerare acoperirea stomei cu ajutorul îmbrăcăminţii (de exemplu: o jachetă ce se închide cu fermoar sau o eşarfă lejeră) ce va permite respirarea aerului încălzit în spaţiul creat între aceasta şi stomă

- Se va preveni pătrunderea apei în stomă în momentul duşului / băii

În urma laringectomiei, care cel mai adesea implică evidare ganglionară (scoaterea ganglionilor din zona gâtului), majoritatea indivizilor dezvoltă zone cu tulburări de sensibilitate a pielii în regiunea gâtului, bărbiei şi în spatele urechilor. În consecinţă, nu pot simţi aerul rece şi pot ajunge chiar la degerături în aceste zone. Drept urmare, este importantă acoperirea acestor zone cu eşarfe sau articole de îmbrăcăminte călduroase.

Folosirea unui aspirator pentru dopurile de mucus

În momentul întoarcerii acasă din spital, se recomandă ca laringectomizații să își achiziționeze un aspirator. Acesta poate fi de folos pentru aspirarea mucuslui în momentul când reflexul de tuse nu este posibil sau pentru aspirarea dopurilor de mucus. Dopurile de mucus se creează în momentul în care secrețiile devin vâscoase și lipicioase, astfel apar dopuri care pot bloca parțial sau chiar total calea aeriană.

Aceste dopuri cauzează un episod de dispnee (dificultate în a respira) ce se instalează brusc și fără alte explicații. Aspiratorul poate fi de folos în aceste împrejurări pentru a elimina dopul. Se recomandă să fie în permanență la dispoziție pentru a se interveni în cazul acestei urgențe. Dopul de mucus poate fi eliminat și prin folosirea unei soluții de ser fiziologic (0.9%) irigată la nivelul stomei. Această soluție ajută în detașarea dopului și facilitează eliminarea lui prin tuse. Această situație poate deveni o urgență medicală iar în cazul în care dopul nu este eliminat cu succes, se va apela serviciul de urgentă (112).

Tusea sanguinolentă

Sângele din secreții poate proveni din diverse surse. Cea mai frecventă cauză sunt leziunile de la nivelul stomei. Leziunile pot apărea în urma procesului de toaletare locală. Sângele este roșu aprins. O altă cauză de tuse sanguinolentă este iritarea traheei din cauza aerului uscat din prioada iernii. Este recomandată menținerea unei umidități ambientale adecvată (40-50%) pentru a diminua iritarea traheei. Administrarea de soluție salină (ser fiziologic) în trahee poate fi de asemenea, de ajutor.

Sputa cu sânge poate fi de asemenea semn de penumonie, tuberculoză, cancer pulmonar sau alte probleme.

O tuse persistentă cu sange trebuie să fie evaluată de către specialiștii în domeniul medical. Asocierea cu dificultăți în respirație și/sau durere poate semnifica o urgența medicală.

Rinoreea

Deoarece laringectomizații (precum și alți traheostomizați din alte cauze), nu îşi mai folosesc nasul pentru respirație, secretiile nazale nu mai sunt uscate prin fluxul de aer. În consecință, secrețiile curg în momentul în care există o cantitate mare a acestora (rinoree). Această situaţie apare în mod special în cazul expunerii la aer umid sau mirosuri iritante. Evitarea acestor condiţii poate preveni rinoreea.

Stergerea secreţiilor este cea mai bună şi practică soluţie. Laringectomizaţii ce folosesc un buton fonator pot fi capabili să îşi sufle nasul prin acoperirea stomei, momentul în care se direcţionează aerul către nas.

Reabilitarea respiratorie

Dupa laringectomie, aerul inhalat nu mai trece prin partea superioară a sistemului respirator şi patrunde în trahee şi plămâni direct prin stomă. Laringectomizaţii pierd partea sistemului respirator care filtra, umezea şi încălzea aerul respirat.

Modificările în modul de a respira implică şi afectarea efortului respirator şi funcţiile pulmonare. Astfel, se impune readaptarea şi reeducarea pacientului. Respiraţia este mai usoară pentru laringectomizat pentru că rezistenţa aeriană este mai mică decat atunci când aerul trebuie să treacă prin nas şi restul căii aeriene. Deoarece e mai usoară pătrunderea aerului în plămâni, laringectomizaţii nu mai necesită modificarea volumelor pulmonare atât de mult ca înainte. Drept urmare, adesea laringectomizaţii dezvoltă o capacitate pulmonară şi de respirare mai redusă.

Există un set de reguli care poate ajuta laringectomizatul să îşi păstreze capacitatea pulmonară:

- Folosirea unui sistem de filtrare şi menţinerea a umidităţii şi căldurii – filtru HME, care poate crea rezistenţă la schimbul aerian. Acesta forţează pacientul să îşi expansioneze complet plămânii pentru a obţine cantitatea necesară de oxigen

- Exerciţii în mod regulat, sub supraveghere şi îndrumare medicală. Acestea pot ajuta în expansiunea completă a plămânilor şi în îmbunătăţirea condiţiei pulmonare şi cardio-vasculare.

- Folosirea respiraţiei diafragmatice. Această metodă de a respira permite o utilizare mai bună a capacităţii pulmonare. (vezi Vorbirea şi respiraţia   diafragmatică)

CAPITOLUL 8

Îngrijirea stomei traheale

Stoma este o deschidere care face conexiunea între orice parte a unei cavități a corpului cu mediul înconjurator. Stoma este creată după laringectomie pentru a genera o nouă deschidere a traheei la nivelul gâtului, astfel realizându-se conexiunea plămânilor cu exteriorul. Îngrijirea stomei traheale este esentială pentru a-i menține patenta și sănătatea.

Metode generale de îngrijire

Este foarte importantă acoperirea stomei în permanență pentru a preveni praful, murdăria, fumul, micro-oragnismele să pătrundă în trahee și în plămâni.

Există mai multe modalități pentru acoperirea stomei. Cele mai eficiente sunt filtrele HME, deoarece creează acoperire etanșă a stomei. Pe lângă faptul că filtrează praful, aceste filtre păstrează umiditatea și căldura în interiorul arborelui respirator și previn pierderea acestora. Pe de altă parte, acestea ajută în recuperarea temperaturii, umidității și calității aerului inspirat, până la nivelul de dinainte de laringectomie.

Stoma traheală adesea se micsorează în primele săptămâni sau luni dupa ce e creată. Pentru a preveni închiderea acesteia, o canulă traheală este lăsată 24 de ore, zilnic. Pe parcursul timpului, această durată poate fi micșorată treptat. Se va lăsa peste noapte până când diametrul stomei nu se mai micșorează.

Îngrijirea stomei atunci când sunt folosite dispozitive pe baza de adezivi: Pielea din jurul stomei poate deveni iritată din cauza manevrelor repetate de poziționare și scoatere a dispozitivelor. Materialele folosite pentru scoaterea carcasei vechi și pregătirea pielii pentru cea nouă pot determina de asemenea iritarea tegumentelor. Scoaterea carcasei vechi devine un proces iritant, mai ales când aceasta este lipită.

În acest proces de scoatere a carcasei, se pot utiliza lichide speciale în eliminarea adezivului. Se plasează la marginea carcasei și ajută în detașarea acesteia de pe piele. Se folosesc și pentru toaletarea locală ulterioară, pentru a elimina resturile de lipici ramase. Este important ca în final şi aceste lichide să fie curăţate de pe tegumente cu o soluţie alcoolică, pentru a preveni iritarea tegumentelor de către acestea. Pe de altă parte, în momentul plasării unei noi carcase, această manevră este utilă deoarece aceste lichide pot interveni în noua adeziune.

Se recomandă o durată de maxim 48 de ore de menţinere a carcasei. Anumiţi pacienţi o păstrează mai mult timp şi o înlocuiesc atunci când aceasta devine murdară şi mai puţin etanşă. În cazul în care pielea este iritată, se recomandă menţinerea carcasei doar pentru 24 de ore. În plus, dacă pielea este iritată, e de preferat o pauză pentru o zi sau până cand zona se vindecă, stoma fiind acoperită doar cu pansament, fără adeziv. Există adezivi hidrocoloidali care permit folosirea lor pe pielea sensibilă. Este importantă folosirea unui lichid ce formează un biofilm protector tegumentar înainte de a aplica adezivul.

Îngrijirea stomei atunci când se foloseşte canula traheală: Formarea mucusului şi frecarea generată de canula traheală poate irita pielea din jurul stomei traheale. Pielea peristomală ar trebui curaţată de cel putin două ori pe zi pentru a preveni mirosul urât, iritarea şi infecţiile. Dacă zona respectivă apare roşie, tumefiată sau are un miros neplăcut, toaletarea stomei ar trebui să se facă mai des. Consultul medical este obligatoriu în cazul în care apar mâncărimi, mirosuri neobşnuite şi/sau drenaj de secreţii galben-verzui pe lângă stoma traheală.

Iritarea pielii peristomale

Dacă pielea din jurul stomei devine iritată şi roşie, cea mai bună manevră pentru a se vindeca este cea de a o lăsa neacoperită şi de a nu o expune solvenţilor timp de 1-2 zile. Anumiţi pacienţi pot dezvolta iritaţii la solvenţii folosiţi în pregătirea şi adeziunea carcaselor (carcasele cu filtre responsabile de schimbul de căldură şi umiditate). Evitarea acestor solvenţi sau înlocuirea lor cu alte tipuri este recomandată. O soluţie la îndemână pentru pielea sensibilă este folosirea adezivilor hidrocolidali.

În cazul apariţiei semnelor de infecţie (ulceraţii sau înroşirea locală) antibioticele cu aplicare locală pot fi de folos. Consultul medical este recomandat în cazul în care leziunea persistă. Medicul poate preleva şi prelucra cultura bacteriană a zonei afectate, rezultat ce poate ghida terapia antimicrobiană.

Protejarea stomei de apă în momentul dusului

Este foarte importantă prevenirea intrării apei în stoma atunci când pacientul se dusează. O cantitate mică de apă în trahee nu cauzează mari probleme şi poate fi rapid eliminată prin tuse. Pe de alta parte, inhalarea unei mari cantități de apă este periculoasă.

Metode de a preveni pătrunderea apei în stoma traheală:

- Acoperirea stomei cu palma. Nu se va inhala aer atunci când apa este în apropierea stomei

- Purtarea unei bavete ce prezintă o faţa plastifiată

- Folosirea unui dispozitiv comercial de acoperire a stomei

- Folosirea unei protecţii, carcasă sau filtru HME în timpul duşului poate fi suficient, mai ales când fuxul de apă nu este direcţionat în zona stomei. Faptul de nu inspira aer pentru câteva secunde în momentul când se spală zonele învecinate este de asemenea de ajutor. Duşul la finalul zilei, chiar înainte de a indeparta dispozitivul HME şi carcasa acestuia, aceasta protejând calea aeriană şi facilitând procesul.

- Spălarea părului se va face prin coborârea bărbiei în piept şi aplecare în faţă.

Apa şi pneumonia

Laringectomizaţii sunt la risc de a inhala (aspira) apa care poate conţine bacterii. Apa de la robinet conţine bacterii, numărul acestora depinde de eficacitatea sistemului de filtrare local. Apa de piscină conţine clor care deşi reduce numărul de bacterii, nu sterilizează apa. Apa de mare conţine multiple bacterii a căror natură şi concentraţie pot varia.

În momentul în care apa murdară pătrunde în plămâni poate cauza pneumonia. Procesul de dezvoltare al pneumoniei de aspiraţie depinde de cantitatea de apă şi cât din aceasta este eliminată prin tuse. De asemenea, depinde şi de sistemul imunitar individual.

Prevenirea aspiraţiei în stoma traheală

Una dintre cauzele majore de urgenţă respiratorie în cazul pacientului traheostomizat este aspirarea unei mici bucăţi de hârtie (din şerveţele) în interiorul traheei. Aceasta poate fi foarte periculoasă deoarece cauzează asfixia şi are loc adesea în momentul în care pacientul îşi acoperă stoma în timpul tusei. În urma tusei apare un inspir adânc ce poate aspira hârtia în trahee. O metodă pentru a preveni aceasta este folosirea unui şervetel din material sau din hârtie mai dura, din mai multe straturi, ce nu se rupe chiar dacă este umezită. Şerveţelele subţiri sunt de evitat.

Altă metodă de a preveni aspirarea este de a-şi ţine respiraţia până în momentul în care secreţiile sunt curăţate din jurul stomei cu ajutorul şerveţelului.

Aspirarea materialelor straine poate fi prevenita prin acoperirea permanenta a stomei cu dispozitive HME, filtre sau bavete.

Aspirarea apei in stoma in momentul dusului poate fi prevenita prin utilizarea unor dispozitive care acoperă stoma , precum cele expuse mai sus. Pacientul poate purta dispozitivul HME în timpul duşului şi /sau evita respiraţia în momentul în care apa e direcţionată în regiunea peristomală.

Baia în cadă poate fi facută în condiţii de siguranţă atâta timp cât nivelul apei nu ajunge nivelul stomei. Zonele de deasupra stomei vor fi curăţate cu un prosop umezit şi cu produşi de igienă. Este foarte importantă prevenirea pătrunderii în stomă a apei cu săpun (sau alţi produşi de igienă).

CAPITOLUL 9

Îngrijirea sistemului schimbător de umiditate de căldură

Sistemul schimbător de căldură și umiditate (HME) acoperă și izolează stoma. Pe lângă faptul că filtrează praful și alte particule mari din aer, HME reține și împiedică pierderea a unei părți din umiditatea și căldura din interiorul aparatului respirator adăugând totodată rezistență la fluxul de aer. HME ajută la restabilirea temperaturii, umidităţii și curăţeniei aerului inhalat în aceleași condiții ca înainte de laringectomie.

Avantajele HME

Este foarte important ca pacienţii laringectomizaţi să poarte un sistem HME. În SUA, HME sunt disponibile prin intermediul Atos Medical and InHealth Technologies (Poza 2). HME poate fi atașat utilizând un dispozitiv intraluminal care se inseră în trahee sau în stomă și care include tuburi de laringectomie sau traheostomie, buton Barton Mayo ™ sau/și buton Lary™. Dispozitivul poate fi de asemenea introdus într-o carcasă sau placă de bază atașată pielii din jurul stomei.

Carcasele HME sunt concepute pentru a fi îndepărtate și înlocuite zilnic. Spuma din interiorul carcasei este tratată cu substanțe antimicrobiene și ajută totodată la reținerea umidității în plămâni. Această spumă nu trebuie spălată și refolosită deoarece își pierde din proprietăți la contactul cu apa sau detergenți.

După expirație, HME captează aerul cald, umezit și umidificat. HME poate fi impregnat cu clorhexidină (agent antibacterian), clorură de sodiu (NaCl), clorură de calciu (reține umiditatea), cărbune activat (absoarbe vaporii volativi) și poate fi schimbat după 24 ore.

Avantajele HME includ: creșterea umidității în plămâni (reducând astfel producția de mucus), scăderea vâscozității secrețiilor din căile respiratorii, scăderea riscului formării de dopuri de mucus și restabilirea rezistenței normale a căilor respiratorii la aerul inhalat, păstrând astfel capacitatea pulmonară.

De asemenea, un sistem HME-filtru electrostatic reduce inhalarea (şi exalarea/transferul) de bacterii, virusuri, praf şi polen). Inhalarea unei cantităţi mai mici de polen determină o reducere a iritaţiei căilor respiratorii în timpul alergiilor de sezon. HME cu filtru electrostatic poate reduce riscul de a dobândi sau a transmite o infecţie virală sau bacteriană, în special în locuri aglomerate sau închise. Este disponibil un nou filtru HME creat special pentru a filtra potenţiali patogeni respiratori (Provox Micron™, Atos Medical).

Este important de conştientizat că simplele protecţii pentru stomă cum sunt filtrele laryngofoam™, ascotul sau bandanele nu conferă aceleaşi beneficii precum un filtru HME.

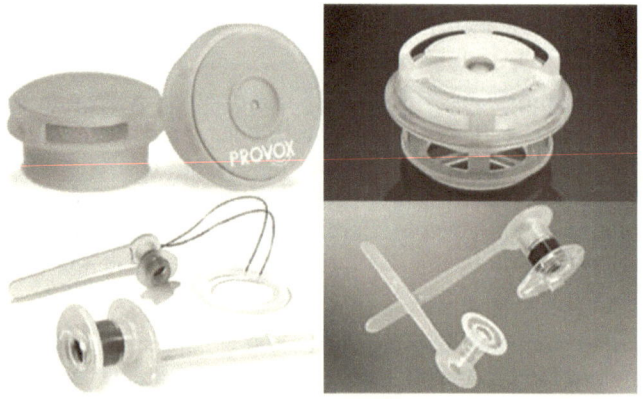

Imaginea 2. Proteza vocala (sub) si HME (deasupra) produse de Atos (Provox) si InHealth

Efectele HME asupra respiraţiei la pacientul laringectomizat

Laringectomia compromite sistemul respirator permiţând aerului inhalat să ocolească nasul şi căile respiratorii superioare, care, în mod normal, au rol de umidifcare, filtrare şi încălzire. Totodată, reduce rezistenţa şi efortul necesar actului de inhalaţie prin eliminarea rezistenţei aerului şi scurtarea distanţei pe care aerul o traversează spre plămâni. Acest lucru înseamnă că pacienţii laringectomizaţi nu trebuie să depună un efort foarte mare ca să treacă aerul inspirat de porţiune superioară a aparatului respirator (nas, căi nazale, gât) iar plămânii lor nu trebuie să se umfle la fel de mult ca înainte decât dacă cel laringectomizat face exerciții pentru a-și păstra capacitatea pulmonară. HME crește rezistența aerului inhalat, așadar crește efortul de inhalație și astfel păstrează capacitatea pulmonară anterioară.

Folosirea plăcii de bază HME (carcasă)

Cheia pentru prelungirea folosirii unei plăci de bază HME (carcasa) nu este numai lipirea corespunzătoare a acesteia, dar și îndepărtarea vechiului lipici sau adeziv de pe piele, toaleta pielii din jurul stomei și aplicarea unui nou adeziv. Pregătirea atentă a pielii este astfel foarte importantă (Poza 3).

La anumite persoane, din cauza formei gâtului din jurul stomei, este dificil să se monteze o carcasă sau o placă de bază. Există mai multe tipuri de carcasă. Un logoped poate fi de ajutor în a selecta carcasa potrivită, dar alegerea acesteia implică deseori multe încercări și nereușite. În timp, pe măsură ce edemul postoperator se reduce și zona din jurul stomei capătă o nouă formă, tipul și mărimea carcasei se poate schimba.

Mai jos sunt enumerați pașii necesari montării carcasei HME. De-a lungul acestui proces este important ca lichidul ce formează o peliculă protectoare (de ex. Skin Prep™ Smith & Nephew, Inc. Largo, Fl 33773) și adezivul din silicon pentru piele să se usuce înainte de a monta carcasa. Acest proces durează, dar este important de urmat aceste instrucțiuni:

- Curățați vechiul lipici cu un șervețel de îndepărtat adeziv (de ex. Remove™, Smith & Nephew, Inc. Fl 33773).

- Curățați apoi cu un șervețel îmbibat cu alcool pentru a nu intefera cu noul adeziv.

- Curățați pielea cu un prosop umed.

- Ștergeți pielea cu un prosop umed și săpun.

- Spălați săpunul cu un prosop umed apoi cu unul uscat

- Aplicați soluția Skin Prep™ și lăsați să se usuce 2-3 minute.

- Pentru lipire suplimentară aplicați adezivul din silicon pentru piele sau șervețelul Skin Tac™ (Torbot, Cranston, Rhode Island, 20910) și lăsați să se usuce pentru 3-4 minute (acest pas este important, în special pentru cei ce folosesc valva automată pentru vorbit).

- Ataşaţi placa de bază (carcasa) pentru HME acolo unde se lipeşte cel mai bine şi fluxul de aer este ideal.

- Dacă folosiţi sistemul hands-free HME, aşteptaţi între 5-30 minute înainte să începeţi să vorbiţi ca adezivul să se întărească.

Unii logopezi recomandă ca, înaintea montării carcasei, aceasta să fie uşor încălzită cu ajutorul unui uscător de păr, ţinută subraţ sau în mână câteva minute. Atenţie ca adezivul să nu devină prea fierbinte! Încălzirea adezivului este importantă când se foloseşte un adeziv hidrocoloid deoarece căldura activează lipiciul.

Un video realizat de Steve Staton arată cum se montează carcasa: http://www.youtube.com/watch?v=5Wo1z5_nlj8

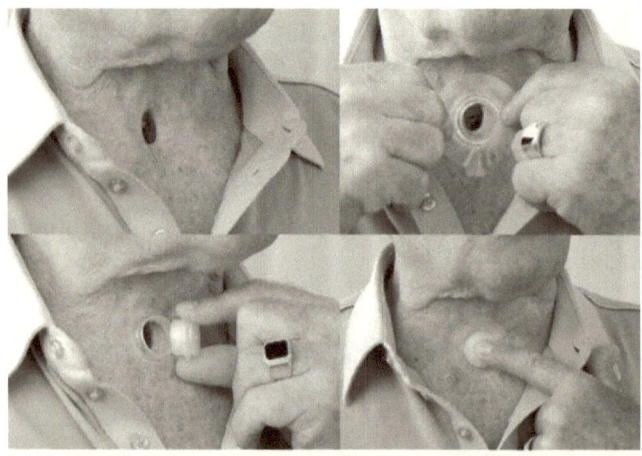

Imaginea 3. Plasarea HME şi locul acesteia la nivelul stomei

Folosirea sistemului hands-free HME

Sistemul hands-free HME permite vorbirea fără a mai fi nevoie de apăsarea manuală pe HME ca să se închidă, deci blocând expirarea aerului prin stomă și direcționându-l către proteza vocală. Acest dispozitiv permite așadar eliberarea unei mâini și face viața celui laringectomizat mai ușoară. Trebuie menționat faptul că, folosind un sistem hands-free, este generată o presiune mai mare atunci când aerul este expirat, ceea ce poate duce la o ruptură în carcasa HME. Acest lucru poate fi prevenit prin reducerea presiunii aerului expirat când pacientul vorbește, vorbind mai încet și mai în șoaptă, cu pauză între 5-7 cuvinte vorbite. Atunci când se dorește a se vorbi mai tare, pacientul poate sprijini cu un deget sistemul hands-free. Totodată, este important de îndepărtat rapid acesta înainte de a tuși.

Filtrul de aer (denumit casetă în cazul sistemului Provox FreeHands HME) din dispozitivul hands-free trebuie schimbat în mod regulat (la 24 ore sau chiar mai devreme dacă se murdărește sau este acoperit de secreții). Cu toate acestea, dacă este îngrijit și curățat corespunzător, sistemul hands-free poate fi utlizat 6 luni, până la 1 an de zile. Înainte de a fi purtat, acest dispozitiv trebuie să fie calibrat pentru a se potrivi cu respirația și capacitatea de a vorbi a celui laringectomizat. Instrucțiunile despre folosirea și îngrijirea acestor dispozitive sunt disponibile la producători.

Cheia utilizării sistemului hands-free stă de a vorbi în așa fel încât să nu se rupă carcasa. Folosind respirația diafragmatică, mai mult aer este expirat, mai multe cuvinte pot fi articulate cu fiecare respirație și se reduce astfel efortul vorbirii. Această metodă previne acumularea de aer în trahee care poate determina ruperea carcasei. Este nevoie de timp, răbdare și ajutor din partea unui logoped pentru a vorbi în acest mod.

Carcasa HME trebuie montată conform pașilor enumerați în capitolul „Îngrijirea HME"-pag 67, incluzând toaleta pielii din jurul stomei cu Remove™, alcool, apă și săpun, folosirea Skin Prep™ și la final adeziv (Skin Tag™). Urmând aceste instrucțiuni, durata de viață a carcasei este prelungită și se evită astfel scăparea de aer prin aceasta.

Inhalarea aerului este puțin mai dificilă când se folosește sistemul hands-free HME comparativ cu cel clasic. Este posibilă inhalarea unei cantități mai mari de aer prin rotirea valvei în sens invers acelor de ceasornic în cazul dispozitivelor Atos FreeHands™ și InHealth HandsFree™.

În ciuda provocării de a menține intactă carcasa, mulți pacienți laringectomizați preferă să vorbească într-un mod cât mai natural și să aibă în același timp libertatea de a-și folosi ambele mâini. Mulți dintre aceștia învață că pot prelungi durata de viață a carcasei când folosesc un amplificator de voce, reducând, așadar, efortul de a vorbi și generând o mai mică presiune a aerului.

Purtarea sistemului HME pe timpul nopții

Anumite sisteme HME pot fi folosite 24 ore/zi, 7 zile/săptamâna (de ex. Atos Medical). Dacă carcasa rezistă, ea poate fi folosită și pe timpul nopții. Dacă nu, se poate folosi o placă de bază special concepută pentru perioada nopții. Placa de bază Atos Xtra BasePlate™ poate fi modificată prin îndepărtarea porțiunii externe(care este moale) și lăsând intactă porțiunea internă, cea rigidă. Astfel, placa se lipește de stomă,nu mai este nevoie de acel adeziv special și permite pacientului laringectomizat să vorbească. Este de asemenea posibil utilizarea unui sistem HME inserat într-un LaryTube pe timpul nopții.

Acoperirea (ascunderea) sistemului HME

În urma laringectomiei, pacienții respiră printr-o stomă de la nivelul gâtului. Cei mai mulți își pun un sistem HME sau un filtru din spumă pentru a acoperi stoma, a filtra aerul și pentru a menține căldura și umiditatea la nivelul căilor respiratorii superioare. Locul de acoperire al stomei este însă vizibil, iar cei laringectomizați pot folosi un articol de îmbrăcăminte, un ascot sau o bijuterie pentru a-l masca și proteja, sau îl pot lăsa descoperit. Avantajele și dezavantajele fiecărei soluții:

Respirația poate fi mai ușoară fără o protecție suplimentară care poate interfera cu fluxul de aer. Dacă zona este lăsată liberă, stoma poate fi mai ușor accesibilă pentru îngrijire și curățire și permite îndepărtarea rapidă a sistemului HME atunci când persoana vrea să tușească sau să strănute. Nevoia de a tuși sau strănuta este, deseori, bruscă, iar daca sistemul HME nu este scos rapid, el poate fi înfundat cu secreții.

Totodată, cu zona expusă, pacienții laringectomizați au o voce mai mai slabă și răgușită, fapt ce îi determină pe cei din jur să îi asculte mai atent. De asemenea, oricărui furnizor de servicii medicale îi va fi mai ușor să recunoască o persoană laringectomizată (și anatomia unică a acesteia) și să-i ofere servicii medicale de urgență. Dacă această particularitate nu este identificată rapid, ventilaţia (în caz de urgenţă) a acestei persoane se face, în mod eronat, pe gură şi nas şi nu prin stomă. (vezi secţiunea „Asigurarea îngrijirilor de urgenţă a pacienţilor laringectomizaţi-pag 147)

Afişarea în mod public a stomei acoperite dezvăluie, totodată, istoricul medical al persoanei în cauză dar şi faptul că el sau ea a supravieţuit cancerului şi că îşi continuă viaţa în ciuda handicapului dobândit.

Cei care îşi acoperă stoma o fac pentru a nu-i distrage sau jigni pe cei din jur. De asemmenea, ei nu vor să îşi expună handicapul şi doresc să fie percepuţi ca fiind la fel de normali ca restul oamenilor. De regula, femeile sunt cele care apelează la acest lucru, ele fiind mai preocupate de aspectul fizic decât bărbaţii. Anumite persoane simt că statutul lor de pacient laringectomizat este doar mică parte din ceea ce sunt şi de aceea nu vor să atragă atenţia asupra acestui fapt.

În concluzie, există avantaje cât şi dezavantaje în cazul ambelor abordări şi în cele din urmă, alegerea depinde doar de persoana în cauză.

CAPITOLUL 10

Utilizarea și îngrijirea protezelor vocale traheoesofagiene

O proteză vocală este introdusă printr-o puncție traheoesofagiană (TEP) anterior creată și care face legătura între trahee și esofag la cei care doresc să vorbească prin vocea traheoesofagiană. Astfel, individul poate expira aerul pulmonar din trahee spre esofag printr-o proteză de silicon care conectează cele două structuri; vibrațiile sunt generate de către esofagul inferior.

Tipurile de proteze vocale

Există 2 tipuri de proteze vocale: una permanentă, montată și schimbată de către medicul ORL-ist sau logoped și o alta, schimbată de către pacient, cu durată de viață mai scurtă.

Cea montată de către medic are o durată de viață superioare celeilalte. În cele din urmă însă, pot apărea scurgeri la nivelul protezei din cauza colonizării cu fungi și microorganismelor care cresc la nivelul siliconului atunci când valva nu e complet închisă. Când valva nu este închisă etanș, lichidele pot trece prin proteza vocală (vezi mai jos, „Cauzele apariției scurgerilor la nivelul protezei vocale, pag. 75).

O proteză permanentă poate funcționa săptămâni până la câteva luni. Există însă logopezi care cred că aceasta ar trebui schimbată chiar dacă nu prezintă scurgeri după 6 luni, deoarece, dacă este menținută o perioadă mai îndelungată, ea poate duce la dilatația puncției traheoesofagiene.

Cel de-al doilea tip de proteză vocală, cea care poate fi schimbată de către pacient, conferă acestuia un grad de independentă mai mare. Proteza poate fi schimbată în mod regulat (odată la 1-2 săptămâni). Unele persoane o schimbă doar atunci când apar scurgeri. Protezele pot fi curățate și refolosite de mai multe ori. Există o serie de factori care trebuie luați în considerare atunci când se folosește acest tip de proteză:

- Locul puncției traheoesofagiene trebuie să fie ușor accesibil; însă acesta poate migra în timp, devenind inaccesibil.

- Pacientul laringectomizat ar trebui să aibă o bună vedere și dexteritate pentru a-și putea monta proteza.

Există două video-uri, realizate de Steve Staton, în care explică cum se schimbă proteza vocală: http://www.youtube.com/watch?v=nF7cs4Q29wa&feature=channel_page și http://www.youtube.com/watch?v=UkeOQf_ZpUg&feature=relmfu

Diferența principală dintre cele două tipuri de proteză este mărimea flanșelor. Cu cât flanșele protezelor permanente sunt mai mari, cu atât mai greu sunt de deplasat. O altă diferență este dată de cerulușa de susținere, care, în cazul protezei care poate fi schimbată de către pacient, nu ar trebui scoasă, deoarece ajută la susținerea acesteia. În general, nu există o diferență de calitate a vocii între cele două tipuri de proteze.

Ce este de făcut atunci când proteza se deplasează sau există scurgeri la nivelul acesteia

În cazul în care există scurgeri la nivelul protezei vocale, sau aceasta se deplasează din lăcașul ei, aceasta poate fi montată din nou (dacă vorbim de acele proteze montate de către pacient). De asemenea, un cateter se poate introduce în puncția traheoesofagiană (TEP) pentru a preveni închiderea acesteia. Inserția unui cateter sau a unei noi proteze previne nevoia efectuării unei noi puncții. Scurgerile din centrul (lumenul) protezei pot fi temporar rezolvate printr-un dop pus la nivelul protezei, până când aceasta este schimbată cu una nouă. Este indicat ca persoanele care folosesc o proteză vocală să aibă asupra lor un cateter și un dop.

Cauzele scurgerilor de la nivelul protezei vocale

Există două căi prin care se pot manifesta scurgerile la nivelul protezei vocale: prin aceasta, sau în jurul acesteia. Scurgerile **prin proteza vocală** sunt cauzate de închiderea incompletă a valvei. Acest lucru se întâmplă când valva e colonizată de fungi, când clapeta valvei se blochează în poziția „deschis", când se blochează cu mâncare, secreții sau păr, sau când întregul dispozitiv vine în contact cu peretele posterior al esofagului. În cele din urmă, toate protezele vor deveni nefuncționale, din cauză mecanică sau colonizare   cu   Candida.

Dacă, din momentul montării protezei, există scurgeri continue, acest lucru se întâmplă pentru că, atunci când persoana înghite, presiunea negativă generată menține deschisă clapeta valvei. Această problemă poate fi corectată prin folosrea unei proteze vocale cu rezistență ridicată. Dezavantajul este că, vorbitul prin acest tip de proteză necesită un efort mai mare. În cele din urmă, însă, contează cel mai mult ca toate aceste secreții să nu ajungă în plămâni.

Scurgerile în *jurul protezei vocale* sunt mai puțin frecvente și sunt cauzate de dilatația TEP sau atunci când proteza nu este bine fixată. În timpul montării, are loc o mică dilatație a puncției traheoesofagiene, dar pentru că țesutul este sănătos și elastic, acesta ar trebui să revină la poziția inițială după un scurt timp. Imposibilitatea țesutului de a se contracta poate fi asociată cu refluxul gastroesofagian, nutriție deficitară, alcoolism, hipotiroidism, puncție necorespunzătoare, țesut local de granulație, proteză montată incorect, traumă la nivelul TEP, cancer local sau la distanță, necroză de iradiere. Aceste scurgeri pot apărea, însă, și dacă proteza este utilizată timp îndelungat. Când acest lucru se întâmplă, proteza prezintă o mișcare de „inainte și înapoi" (ca un piston) și dilată astfel tractul traheoesofagian. Tractul ar trebui măsurat și montată o proteză de dimensiuni corespunzătoare. În acest caz, scurgerile ar trebui să se oprească în maxim 48 de ore. Dacă țesutul din jurul puncției traheoesofagiene nu se vindecă în această perioadă de timp, pacientul trebuie reevaluat medical pentru a se găsi cauza problemei.

O altă cauză de scurgeri din jurul protezei este reprezentată de îngustarea (strictura) esofagului, fapt care determină pacientul laringectomizat să înghită folosind o forță mai mare pentru ca mâncarea/lichidul să treacă prin strictură. Astfel, această presiune ridicată la înghițire, va împinge mâncarea/lichidul în jurul protezei.

Aceste scurgeri pot fi rezolvate prin mai multe căi: îndepărtarea temporară a protezei și înlocuirea acesteia cu un cateter de diametru mai mic pentru a încuraja contracția spontană a TEP, plasarea unui fir de sutură în jurul TEP, injectarea cu gel, colagen sau cu AlloDerm® (LifeCell, Branchburg, N.J. 08876), cauterizare cu nitrat de argint sau electrocauter, transplant autolog de grăsime sau montarea unei proteze vocale mai mari pentru a opri scurgerea. Tratamentul refluxului gastroesofagian (cea mai frecventă cauză a scurgerilor) va permite țesutului esofagian să se vindece. În general, însă, nu este recomandată folosirea unei proteze vocale cu diametru mai mare, deoarece aceasta este mai grea, iar țesutul slăbit nu poate susține un dispozitiv mai mare, agravând astfel problema. Cu toate acestea, unii sunt de părere că o proteză mai mare reduce presiunea necesară de a vorbi (diametrul mai mare permite un flux de aer mai puternic), iar țesutul se va vindeca mai bine (concomitent cu tratarea refluxului gastroesofagian). Folosirea unei proteze cu flanșă esofagiană și/sau traheală mai mare poate fi utilă, deoarece flanșa acționează ca un sigiliu între proteză și peretele esofagian/traheal, prevenind scurgerile.

Ambele tipuri de scurgeri, descrise mai sus, pot cauza tuse excesivă care, în timp, poate duce la apariția herniilor abdominale și inghinale. Secrețiile ce curg pot, de asemenea, să ajungă în plămâni și să determine o pneumonie de aspirație. Orice scurgere poate fi confirmată printr-un test cu un lichid colorat (testul cu albastru de metilen). Dacă apare o scurgere care nu poate fi remediată după toaletarea protezei, aceasta ar trebui schimbată cât mai rapid.

Odată cu trecerea timpului, o proteză vocală rezistă mai mult înainte să apară scurgeri. Acest lucru se datorează faptului că edemul și producția de mucus sunt reduse pe măsură ce căile respiratorii se adaptează noilor condiții. Totodată, pacienții laringectomizați se îngrijesc din ce in ce mai bine și se familiarizează cu proteza vocală.

Din cauza modificărilor ce apar la nivelul tractului traheoesofagian, pacienții cu TEP trebuie să fie urmăriți de un logoped. Remodelarea tractului poate fi necesară deoarece acesta își modifică lungimea și diametrul de-a lungul timpului. TEP se modifică, cu timpul, pe măsură ce edemul cauzat de formarea fistulei, chirurgie sau iradiere descrește. Din acest motiv, logopedul trebuie să măsoare periodic lungimea și diametrul TEP pentru a se putea monta o proteză potrivită.

Unul dintre avantajele purtării unei proteze vocale este că ea poate să ajute pacientul când acesta are mâncare blocată în gât. Dacă un rest de mâncare rămâne deasupra protezei, vorbitul sau suflatul de aer prin proteză poate dezobstrua gâtul. (vezi „Cum să îndepărtezi sau să înghiți mâncarea care se blochează în gât sau esofag", pagina 87). Dacă există o alterare în calitatea vocii (dacă devine mai slabă, sau e nevoie de un efort respirator mai mare pentru a vorbi), trebuie luat în considerare schimbarea protezei. Acest lucru apare mai ales în cazul colonizării cu fungi, care face dificilă deschiderea valvei protezei.

Prevenirea scurgerilor de la nivelul protezei vocale

Este indicat să se efectueze toaletarea protezei vocale cel puțin de două ori pe zi și după fiecare masă. O toaletă riguroasă poate împiedica și/sau opri scurgerile prin proteză:

- Înainte de a folosi periuța, ea se pune într-un pahar cu apă fierbinte și se lasă acolo câteva secunde.

- Se introduce periuța în proteză (dar nu prea adânc) si se răsucește înăuntru de câteva ori, pentru a curăța interiorul protezei.

- Se îndepărtează periuța, se spală cu apă fierbinte și se repetă procedeul de 2-3 ori până când se curăță complet proteza. Având în vedere că periuța e scufundată în apă fierbinte, trebuie avut grijă ca aceasta să nu fie introdusă prea adânc pentru a nu leza esofagul.

- Spălați proteza vocală cu pompița folosind apă potabilă caldă (nu fierbinte!). Pentru a nu leza esofagul, se verifică ca temperatura apei să nu fie prea mare.

Pentru a curăța proteza, apa caldă este mai bună decât cea la temperatura camerei pentru că ea dizolvă secrețiile uscate și poate chiar îndepărta (sau elimina) coloniile de fungi ce se formează la nivelul protezei.

Ce este de făcut atunci când apar scurgeri la nivelul protezei permanente

Scurgerile au loc atunci când secreții uscate, mâncare sau păr împiedică închiderea completă a valvei protezei. Toaleta corespunzătoare a protezei (vezi subcapitolul precedent) îndepărtează toate aceste obstacole și previne scurgerile.

Dacă scurgerile apar la nivelul protezei în primele 3 zile de la montare, cauza poate fi o proteză defectă sau montarea necorespunzătoare. Colonizarea cu fungi apare după o perioadă de timp mai mare. Dacă proteza este nouă, cauza scurgerilor este alta. Pe lângă toaleta riguroasă a protezei, rotirea cu grijă de câteva ori poate curăța zona de impurități. Dacă scurgerile persistă, se impune schimbarea protezei vocale.

Cel mai uşor mod pentru a stopa temporar scurgerile până la schimbarea protezei vocale, este folosirea unui dop, (diferit în funcţie de mărimea şi tipul protezei), care trebuie să fie mereu la îndemână. Închiderea protezei cu acest dop va împiedica vorbirea, dar pacientul laringectomizat va putea să bea şi să mănânce fără a fi deranjat de scurgeri. Dopul poate fi scos după mese si pus din nou când e nevoie. Acesta este o soluţie temporară până când proteza este înlocuită.

Este important ca cel laringectomizat să fie bine hidratat în ciuda prezenţei de scurgeri. Statul într-un mediu cu aer condiţionat, când e cald afară, previne pierderile lichidiene prin transpiraţie, iar ingestia de lichide în aşa fel încât să existe cât mai puţine scurgeri, este de asemenea de ajutor. Băuturile pe bază de cafeină cresc diureza şi ar trebui evitate. Lichidele mai vâscoase, care tind să nu curgă prin/pe lângă proteză sunt folositoare. Totodată, este indicat consumul de alimente care conţin lichide şi sunt, aşadar, vâscoase (jeleu, supă, terci de ovăz, iaurt, pâine înmuiată în lapte). Pe de altă parte, cafeaua sau băuturile carbogazoase au risc de a se scurge. Fructele şi legumele (mere, pepene) conţin multă apă, acestea trebuie consumate cu precauţie.

O altă metodă în a reduce scurgerile, până când se schimbă proteza şi care poate funcţiona la anumiţi oameni, este a înghiţi lichide ca şi cum ar fi mâncare. Această manevră va preveni scurgerea de lichide prin proteză. Toate aceste măsuri descrise permit menţinerea unui status nutriţional bun până când proteza se înlocuieşte.

Toaleta protezei vocale

Se recomandă ca proteza vocală să fie curăţată cel puţin de două ori pe zi (dimineaţa şi seara), de preferat după masă (vezi „Prevenirea scurgerilor de la nivelul protezei vocale, pagina 78) pentru că atunci se blochează cu mâncare şi secreţii. Curăţarea este de ajutor în special după mese cu alimente aderente sau când vocea este slabă.

La început, secreţiile din jurul protezei se pot curăţa cu o pensetă, de preferat una cu vârf rotund. Se foloseşte apoi periuţa specială care se introduce înainte şi înapoi în proteză. Periuţa trebuie spălată bine cu apă şi săpun după fiecare curăţare. La final, proteza se spală de două ori cu pompiţa (cu apă caldă şi nu fierbinte!).

Pompița se introduce în proteză și se aplică o ușoară presiune pentru a sigila complet deschiderea acesteia. Unghiul sub care trebuie introdusă pompița variază de la individ la individ (logopedul poate oferi instrucțiuni despre cum se alege cel mai bun unghi). Spălarea protezei se face cu mișcări ușoare deoarece prea multă presiune duce la introducerea apei în trahee. Dacă folosirea apei reprezintă o problemă pentru individ, se poate folosi doar aer.

Producătorii de periuțe și pompițe oferă instrucțiuni despre îngrijirea acestora și când trebuiesc înlocuite. Periuța se schimbă atunci când devine uzată sau când se îndoaie. Totodată, acestea se curăță cu apă fierbinte, săpun și se usucă cu un prosop uscat după fiecare folosire. Se pot, de asemenea, lasate, pe un prosop, la soare câteva ore pe zi. Razele ultraviolete emise de soare reduc astfel numărul de bacterii și fungi.

Minim de două ori pe zi (sau de mai multe ori, dacă aerul este uscat) trebuie puși câțiva mililitri de ser fiziologic, în trahee, cu ajutorul unei seringi pentru a nu permite protezei să se înfunde cu secreții. De ajutor sunt și dispozitivele HME 24/7 sau folosirea unui umidificator.

Prevenirea colonizării cu fungi a protezei vocale

Colonizarea cu fungi este o cauză frecventă de scurgeri la nivelul protezei. Cu toate acestea, fungii au un ritm de creștere lent, într-o proteză nouă se formează colonii după aproximativ 1 an de zile. Astfel, dacă proteza vocală se defectează imediat după ce este montată, este puțin probabil ca fungii să fie cauza.

Prezența colonizării cu fungi trebuie să fie confirmată de cel care se ocupă cu schimbarea protezelor defecte. Acest lucru poate fi făcut observând coloniile tipice fungice (Candida) care nu permit valvei să se închidă și prin trimiterea spre analiză a unei probe recoltate de la nivelul protezei.

Mycostatin (agen antifungic) este deseori folosit împotriva colonizării cu fungi. Este disponibil, cu rețetă medical, sub formă de tablete sau suspensie. Tabletele pot fi zdrobite și dizolvate în apă.

Administrarea de antifungice fără a avea confirmare de o infecție cu fungi nu este indicată. Este un tratament costisitor și există riscul apariției unor efecte secundare sau a unor tulpini rezistente la tratament. Există, însă, excepții de la această regulă. Acestea include: tratamentul preventiv antifungic la pacienții diabetic; cei sub tratament antibiotic, chimioterapic sau steroid și cei la care infecția cu fungi este evidentă (limbă cu depozite albicioase).

Există câteva metode prin care se poate preveni dezvoltarea fungilor la nivelul protezei vocale:

- reducerea consumului de zaharuri din alimente. Se indică spălatul riguros al dinților după consumul de bauturi sau mâncare ce conțin zahăr.

- spălatul dinților după fiecare masă, în special înainte de culcare.

- persoanele diabetice trebuie să își mențină glycemia sub control.

- antibioticele se iau doar când este necesar.

- după administrarea unui agent antifungic sub formă de suspensie, se așteaptă 30 de minute și apoi se spală dinții (unele suspensii pot conține zahăr).

- periuța protezei se pune într-o suspensie de mycostatin și se curăță cu ea proteza, înainte de culcare (suspensia se poate face și din ¼ tabletă de mycostatin dizolvată în 3-5 ml de apă). Astfel, va rămâne puțină suspensie în proteza. Restul de suspensie nefolosită se aruncă. Nu se aplică prea multa suspensie, însă, pentru a nu ajunge la nivelul traheei. Articulând câteva cuvinte după aplicarea suspensiei de mycostatin va face ca aceasta să ajungă în porțiunea interioară a protezei.

- este indicat consumul de probiotice și/sau iaurturi ce conțin Bifidus.

- perierea ușoară a limbii, dacă aceasta prezintă depozite albicioase.

- înlocuirea regulată a periuței de dinți.

- periuța protezei se menține tot timpul curată.

Utilizarea de *Lactobacillus acidophilus* pentru a preveni dezvoltarea de fungi

Pentru a preveni apariția și dezvoltarea coloniilor de fungi se folosește un probiotic, care este un preparat ce conține bacterii vii de *Lactobacillus acidophilus*. Nu există indicații aprobate de FDA (Food and Drug Administration) în a folosi *L. acidophilus* pentru a preveni dezvoltarea de fungi. Acest lucru înseamnă că nu există studii care să arate siguranța și eficacitatea acestui produs. Preparatele de *L. acidophilus* sunt vândute ca suplimente nutritive și nu ca medicament. Doza recomandată este între 1 și 10 miliarde de bacterii. În general, tabletele de *L. acidophilus* conțin doza recomandată de bacterii. Este indicat de luat între 1 și 3 tablete zilnic.

Deși se consideră a fi un preparat sigur, cu doar câteva efecte secundare, preparatele orale de *L. acidophilus* sunt de evitat la cei cu probleme intestinale, sistem imun slăbit sau la cei prezintă colonizare bacteriană intestinală în exces. La aceștia, *L. acidophilus* poate cauza complicații ce amenință viața. De aceea, este indicat avizul medicului înainte de a consuma probiotice.

CAPITOLUL 11

Alimentaţia, înghiţirea şi mirosul

Mâncatul, mirositul şi înghiţitul nu mai sunt la fel după laringectomie deoarece actul chirurgical cât şi radioterapia determină modificări permanente. Radioterapia poate cauza fibroza muşchilor masticatori care duce la imposibilitatea de a deschide gura (trismus), iar mâncatul va fi dificil. Dificultăţile de a mânca şi de a înghiţi pot fi generate şi de o producţie scăzută de salivă, o îngustare a esofagului sau de lipsa peristaltismului la cei cu reconstrucţie cu lambou. Mirosul este şi el afectat deoarece aerul inhalat nu mai trece prin nas.

În acest capitol vor fi descrise manifestările şi tratamentul problemelor de mâncat, înghiţit şi mirosit la pacienţii laringectomizaţi. Acestea includ: probleme la înghiţit, refluarea mâncării, stricturile esofagiene şi dificultăţile în a mirosi.

Menţinerea adecvată a nutriţiei la pacientul laringectomizat

A mânca poate fi o provocare zilnică pentru un laringectomizat din cauza dificultăţilor la înghiţit, producţiei scăzute de salivă (care lubrifiaza mâncarea şi uşurează masticaţia) şi alteraţiei simţului mirosului.

Nevoia de a consuma mari cantităţi de lichide în timpul mâncatului face dificilă ingestia unei mari cantităţi de mâncare deoarece, atunci când lichidele umplu stomacul, nu mai există mult loc şi pentru mâncare. Întrucât lichidele se absorb într-o perioadă scurtă de timp, cei laringectomizaţi ajung să consume mai multe mese mici şi nu câteva în cantitate mai mare. Consumul unei cantităţi mari de lichide duce la o creştere a frecvenţei urinare în timpul zilei şi a noptiii. Acest fapt duce la alterarea ritmului somnului şi poate cauza oboseală şi iritabilitate. Cei care suferă de probleme de inimă (de ex. insuficienţă cardiacă congestivă) pot avea probleme când au un exces de lichide în organism.

Consumul de alimente cu absorbţie lentă (de ex. proteinele din brânză, carne, nuci) poate reduce numărul de mese pe zi, deci şi nevoia de a înghiţi multe lichide. Persoana laringectomizată trebuie să înveţe să mănânce fără a consuma cantităţi excesive de lichide. De exemplu, ameliorarea dificultăţii la înghițire va determina o reducere a nevoii de a consuma multe lichide, iar consumul redus de lichide înainte de culcare va duce la o îmbunătățire a somnului.

Nutriția poate fi îmbunătățită prin:

- Ingestia adecvată și suficientă a lichidelor

- Consumul redus de lichide seara

- Consumul de alimente sănătoase

- Dietă hiperproteică și cu puțini carbohidrați (conținutul crescut de zahăr crește riscul colonizării cu fungi)

- Asistență permanentă din partea unui nutriționist

Este esențial ca un laringectomizat să urmeze o dietă adecvată și echilibrată, care să conțină ingredientele corecte, în ciuda dificultății de a mânca. Dieta cu puțini carbohidrați dar hiperproteică, care conține și suplimente de vitamine și minerale e importantă. De asemenea, în menținerea unei greutăți optime, este de ajutor asistența oferită de medic, nutriționist și logoped.

Cum se îndepărtează (sau înghite) mâncarea blocată în gât sau esofag

Unii pacienți laringectomizați prezintă episoade recurente de alimente blocate în spatele gâtului sau esofag și care împiedică înghițirea.

Această situație neplăcută poate fi evitată prin mai multe moduri:

- În primul rând, nu vă panicați (un pacient laringectomizat nu se poate sufoca deoarece esofagul este separat complet de trahee.

- Încercați să beți puțină apă caldă și să creșteți presiunea în gură pentru a forța mâncarea să se deblocheze.

- Dacă aveți puncție traheoesofagiană (TEP), încercați să vorbiți. Prin această cale, aerul care trece prin proteza vocală poate împinge mâncarea, deblocând-o din gât. Încercați să faceți acest lucru stând în picioare; dacă nu funcționează, stați aplecat peste chiuvetă și încercați să   vorbiți.

- Aplecați-vă peste chiuvetă, sau stați cu capul ușor în piept și aplicați cu mâna presiune pe abdomen. Acest lucru va forța conținutul stomacului în sus și va debloca obstrucția.

Aceste metode funcționează la majoritatea persoanelor. Totuși, fiecare om este diferit și trebuie să încerce să gaseacă metoda ideală pentru acesta. Cu timpul, însă, înghițitul devine mai ușor. Unii pacienți laringectomizați îsi masează ușor gâtul, merg câteva minute, sar de pe loc, se ridică și se așează de câteva ori, se bat în piept sau în spate, folosesc un aspirator sau pur și simplu așteaptă o perioadă până când mâncarea coboară singură în stomac.

Dacă niciuna din aceste metode nu funcționează și blocajul pesistă, pacientul laringectomizat trebuie să se adreseze unui medic ORL-ist sau la Unitatea de Primiri Urgențe.

Boala de reflux gastroesoagian (BRGE)

Majoritatea pacienților laringectomizați sunt predispuși la apariția bolii de reflux gastroesofagian (BRGE).

Există două benzi musculare sau sfinctere la nivelul esofagului care previn refluxul. Una dintre ele este localizată acolo unde esofagul intră în stomac și cealaltă se află în spatele laringelui, la capătul celălalt al esofagului. Sfincterul esofagian inferior are de suferit atunci când apare hernia hiatală (adică la mai mult de trei sferturi din persoanele de peste 70 de ani). În timpul laringectomiei, sfincterul esofagian superior (muschiul cricofaringian), care în mod normal are rolul de a preveni mâncarea să se întoarcă înapoi în gură, este îndepărtat. Astfel, porțiunea superioară a esofagului este flască și deschisă, iar conținutul stomacului refluează în gât și gură. De aceea, acidul și mâncarea din stomac pot reflua, în special la o oră după masă, dacă persoana în cauză stă aplecată sau culcată. Acest lucru se mai poate întâmpla și la cei cu TEP, care încearcă să vorbească și expiră aerul cu putere.

Simptomele BRGE, cum ar fi iritația gâtului, afectarea gingiilor sau gust neplăcut pot fi evitate cu ajutorul medicamentelor care reduc aciditatea stomacului, cum ar fi antiacidele sau inhibitorii de pompă de protoni (IPP). Totodată este indicat ca imediat după masă, persoanele afectate să nu stea culcat. Refluxul poate fi de asemenea redus dacă se consumă cantități mici de alimente față de mese mai îmbelșugate.

Simptomele BRGE includ:

- arsuri în capul pieptului

- senzație de arsură la nivelul gâtului

- dureri la nivelul stomacului sau pieptului

- dificultăți la înghițit

- voce răgușită

- tuse inexplicabilă (nu și în cazul celor laringectomizați, decât dacă există scurgeri la nivelul protezei)

- la cei laringectomizați: se formează țesut de granulație în jurul protezei vocale, durată de viață scăzută a protezei, probleme ale vocii

Măsuri pentru a reduce și preveni BRGE:

- pierderea din greutate (la cei obezi)

- reducerea stresului și practicarea de tehnici de relaxare

- evitarea alimentelor care înrăutățesc simptomele (de ex. cafeaua, ciocolata, alcoolul, menta și alimentele grase)

- opritul din fumat sau expunerea pasivă la fum'

- consumul de alimente în cantități mici, de mai multe ori pe zi față de mese mai îmbelșugate

- poziție dreaptă la masă și poziție verticală între 30-60 minute după masă

- evitarea poziției culcat trei ore după masă

- porțiunea superioară a corpului trebuie să stea ridicată la 45 de grade (cu ajutorul unor perne, sau ridicarea capătului patului cu 15-20 de cm)

- consumul de medicamente antiacide

Există trei tipuri de medicamente care reduc simptomele BRGE: antiacidele, antagoniști de receptori de histamină H2 (cunoscuți și ca blocanți H2) și inhibitorii de pompă de protoni. Aceste medicamente au mod de acțiune diferit și reduc sau blochează acidul din stomac.

Antiacidele sub formă lichidă sunt mai eficiente decât tabletele și acționează cel mai bine dacă sunt luate înainte de masă sau înainte de culcare, dar timpul lor de acțiune este scurt. Blocanții H2 (de ex. Pepcid, Tagamet, Zantac) reduc cantitatea de acid produsă de stomac. Ele au durată de acțiune mai mare decât antiacidele și ameliorează simptomele moderate. Cele mai multe blocante H2 pot fi cumpărate fără rețetă medicală.

Inhibitorii de pompă de protoni (de ex. Prilosec, Nexium, Prevacid, Aciphex) sunt cele mai eficiente medicamente în tratarea BRGE și stopează producția de acid gastric. Unele dintre aceste medicamente pot fi achiziționate fără prescripție medicală. De asemenea, ele reduc și absorbția calciului, de aceea monitorizarea nivelului seric de calciu este importantă, în special la cei ce suferă de hipocalcemie. Aceștia vor trebui să ia suplimente de calciu.

Este indicat un consult medical dacă simptomele BRGE sunt severe, dacă sunt de lungă durată și dacă sunt dificil de controlat.

Vorbitul în timpul mâncatului la pacientul laringectomizat

Pacienții laringectomizați care vorbesc cu ajutorul unei proteze vocale au dificultăți în a vorbi atunci când înghit. Acest lucru este cu atât mai greu când lichidele și mâncarea trec pe la nivelul TEP. Vorbitul în acest timp este fie imposibil fie este „bulbucat", deoarece aerul introdus în esofag prin proteza vocală trebuie să treacă prin mâncare și lichide. Din nefericire, la cei la care s-a făcut un lambou pentru a înlocui faringele, mâncarea trece mai încet prin esofag deoarece lamboul nu prezintă peristaltism (contracție și relaxare) și pasajul alimentelor către stomac stă sub acțiunea gravitației.

De aceea, este important ca cei laringectomizați să mănânce încet, să amestece mâncarea cu lichide atunci când mestecă și să permită alimentelor să treacă prin TEP înainte de a vorbi. Cu timpul, aceștia vor învăța cât timp este necesar pentru ca mâncarea să treacă prin esofag pentru a permite apoi vorbitul. Este de preferat ca după ce mănâncă, înainte de a încerca să vorbească, pacientul laringectomizat să bea puțin lichid.

Printr-o serie de exerciții, un logoped poate ajuta un laringectomizat să reînvețe cum să înghită fără a avea dificultăți.

Dificultăți la înghițire

Cei mai mulți laringectomizați au probleme la înghițire (disfagie) imediat după intervenția chirurgicală. Pentru că acțiunea de a înghiți implică coordonarea între peste douăzeci de mușchi și o serie de nervi, orice afectare a acestui sistem (în urma chirurgiei sau a radioterapiei) va duce la dificultăți de înghițire. Cei mai mulți laringectomizați reînvață cum să înghită fără probleme majore. Câțiva dintre aceștia vor fi nevoiți să se adapteze înghițind bucăți mai mici de mâncare, mestecând mai mult sau consumând lichide în timp ce mănâncă. Alții vor avea dificultăți mai mari și vor avea nevoie de ajutor din partea unui logoped specializat în tulburări de deglutiție.

Procesul de deglutiție se modifică după laringectomie și mai apoi după chimioterapie și radioterapie. Incidența tulburărilor de deglutiție poate să ajungă și la 50% din pacienți și dacă nu sunt remediate, pot duce la malnutriție. Cele mai multe dificultăți la înghițit sunt obsevate după externarea din spital. Acestea apar când pacientul mănâncă prea repede sau mestecă prea puțin mâncarea sau dacă esofagul este traumatizat după ce acesta înghite o bucată dură de mâncare sau bea lichide fierbinți. Acestea duc la apariția unui edem care poate dura 1-2 zile.

Tulburările de deglutiție (disfagie) sunt frecvente după laringectomia totală. Problemele pot fi temporare sau de lungă durată. Riscurile acestei afecțiuni includ: status nutrițional scăzut, activități sociale limitate și calitate scăzută a vieții.

Pacienții prezintă dificultăți la înghițire atunci când:

- mușchii faringelui au o funcție anormală (dismotilitate)

- există o disfuncție cricofaringiană și faringiană

- forța mișcărilor bazei de limbă este redusă

- apare o membrană mucoasă sau țesut cicatriceal la baza limbii (pseudoepiglotă)

- modificările de structură sau lipsa osului hioid determină dificultăți de mișcare a limbii, de masticație sau de propulsie a mâncării la nivelul faringelui

- există stricturi faringiene sau esofagiene ce duc la pasajul dificil al alimentelor

- se dezvoltă un diverticul la nivelul peretelui faringoesofagian

Pacienților laringectomizați le este interzis să înghită alimente imediat după intervenția chirurgicală și timp de 2-3 săptămâni se vor hrăni pe sonda de alimentație nazogastrică. Sonda se introduce prin nas, gură sau TEP până în stomac. Există însă dovezi că, în cazul intervențiilor chirurgicale standard, alimentația orală cu lichide poate începe la 24 ore de la operație. Acest lucru poate ajuta la deglutiție, întrucât mușchii implicați sunt în permanență folosiți.

După un episod de obstrucție cu alimente la nivelul porțiunii inițiale ale esofagului, deglutiția poate fi dificilă pentru o zi sau două din cauza inflamației locale. Cu timpul însă, inflamația va dispărea.

Pentru a evita disfagia trebuie să:

- mâncați încet și cu răbdare

- mâncați bucăți mici de mâncare și să mestecați suficient

- beți lichide atunci când mâncați; lichidele calde înlesnesc deglutiția

- evitați alimentele greu de mestecat; fiecare persoană trebuie să încerce să găsească alimentele potrivite. Unele sunt mai dificil de înghițit (pâinea prăjită, bananele, iaurtul), altele sunt mai „lipicioase" (merele necojite, salata sau alte legume cu frunze, friptura)

Cu timpul, deglutiția poate deveni mai ușoară. Cu toate acestea, dacă esofagul este îngustat, dilatarea acestuia este necesară. Gradul de îngustare al esofagului poate fi apreciat prin test de deglutiție. Dilatația esofagiană poate fi efectuată de un medic ORL-ist sau gastroenterolog (vezi capitolul „Dilatația esofagului, pag. 96).

Teste utilizate pentru evaluarea disfagiei

Există cinci teste principale care pot fi folosite pentru evaluarea dificultății la înghițit:

- radiografia cu bariu

- videofluoroscopia

- endoscopia digestivă superioară

- fibroscopia nazo-faringo-laringiană

- manometria esofagiană (evaluează contracţiile musculaturii esofagiene).

Fiecare dintre aceste teste este indicat în funcţie de condiţia clinică a pacientului.

Videofluoroscopia este, de regulă, primul test efectuat. El înregistrează deglutiţia în timpul fluoroscopiei. Este un test ce permite vizualizarea şi studierea cu acurateţe a secvenţelor actului de deglutiţie, dar este limitat la esofagul cervical. Înregistrarea poate fi urmărită cu încetinitorul pentru a urmări toate detaliile. Astfel, pot fi identificate modificări ale pasajului alimentar, cum ar fi aspiraţia sau mişcări ale structurilor anatomice, activitatea musculară sau timpul de tranzit oral şi faringian. Pot fi de asemenea testate şi efectele diferitelor consistenţe ale bariului. Alimente solide sau mai dense în bolus pot fi folosite la pacienţii care se plâng de disfagie la solide.

Îngustarea esofagului şi problemele la înghiţit

Strictura esofagiană reprezintă o îngustare de-a lungul căii faringo-esofagiene care blochează sau inhibă pasajul alimentar şi duce la o configuraţie a esofagului în formă de clepsidră. Stricturile pot apărea după intervenţia chirurgicală, sub formă de ţesut cicatriceal, sau ca efect al radioterapiei.

Metode şi intervenţii care pot ajuta pacientul includ:

- modificări ale dietei şi posturii

- miotomie (tăierea muşchiului)

- dilataţie (vezi mai jos)

Lamboul liber care se foloseşte uneori pentru a înlocui laringele este lipsit de peristaltism, ceea ce face ca deglutiţia să fie dificilă. În aceste cazuri, după intervenţia chirurgicală, mâncarea coboară în stomac sub acţiunea gravitaţiei, timpul necesar fiind de 5-10 secunde. Mestecatul mai îndelungat al alimentelor dar şi amestecul cu lichide înainte de deglutiţie este de ajutor. Ingestia de lichide între înghiţiturile de alimente uşurează deglutiţia.

Mâncatul dureaza mai mult la pacienții laringectomizați, ei trebuie să dea dovadă de răbdare pentru a termina o masă.

Edemul ce apare imediat după intervenția chirurgicală se va remite odată cu trecerea timpului și face deglutiția să se desfășoare mai ușor. Dacă, însă, deglutiția nu se îmbunătățește după câteva luni, dilatarea esofagului reprezintă o opțiune terapeutică.

Dilatarea esofagiană

Îngustarea esofagului este o consecință frecventă după operația de laringectomie și deseori este nevoie de dilatarea acestuia. Procedura necesită mai multe repetări, frecvența variind în funcție de individ. La unele persoane, este nevoie de dilatații multiple de-a lungul vieții, în timp ce la alții este nevoie doar de câteva intervenții. Procedura necesită sedare sau anestezie deoarece este dureroasă. O serie de dilatatori cu diametru mare este introdusă în esofag pentru a-l dilata puțin câte puțin. Această manevră elimină fibroza de la nivelul esofagului, însă aceasta poate reveni după o vreme.

Uneori, în locul unui dilatator, se poate folosi un balon. O altă metodă utilă o reprezintă steroizii topici sau injectabili. Deși dilatarea esofagiană se face de către un medic ORL-ist sau gastroenterolog, în unele cazuri, ea poate fi efectuată și de pacient, acasă. În cazurile mai dificile, o intervenție chirurgicală poate fi necesară pentru a îndepărta strictura, sau pentru a înlocui zona îngustată cu o grefă. Pentru că procedura de dilatare a esofagului îndepărtează fibroza, durerea post intervenție mai poate persista o perioadă. Medicația antialgică poate ameliora acest discomfort (vezi „Managementul durerii, pagina 101).

Utilizarea de Botox®

Botox® este un preparat farmaceutic al toxinei A produs de *Clostridium botulinum*, o bacterie anaerobă care cauzează botulism (afecțiune ce paralizează mușchii). Toxina botulinică determină o paralizie parțială a mușchilor prin acțiunea asupra porțiunii colinergice presinaptice ale fibrelor nervoase, împiedicând eliberarea de acetilcolină la nivelul joncțiunii neuromusculare.

În cantități mici, ea poate fi folosită pentru a paraliza temporar mușchii, pentru 3-4 luni. Este folosită pentru a controla spasmele musculare, clipitul excesiv și pentru tratamentul cosmetic al ridurilor. Efectele secundare, rare, includ slăbiciune musculară generalizată și deces. Injecția cu Botox® a devenit tratamentul de elecție la acele persoane care, după laringectomie, doresc o îmbunătățire a deglutiției și a vocii traheo-esofagiene.

La pacienții laringectomizați, injecțiile cu Botox® sunt folosite pentru a reduce hipertonicitatea și spasmul segmentului vibrator, iar vocea esofagiană sau traheo-esofagiană se realizează cu un efort mai scăzut. Totuși, efectul este numai asupra mușchilor hiperactivi, iar în cazul mușchilor spastici este nevoie de o doză mai mare de Botox®. Acest produs mai poate fi folosit pentru a relaxa musculatura mandibulei la cei cu dificultate în deglutiție. Botox® nu poate fi utilizat în afecțiunile care nu sunt cauzate de spasticitatea musculară, cum ar fi: diverticuli esofagieni, stricturi post radioterapie, cicatrici sau stenoze post intervenție chirurgicală.

Hipertonia mușchiului constrictor sau spasmul faringoesofagian (PES) reprezintă o cauză frecventă pentru eșecul vocii traheo-esofagiene post laringectomie. Hipertonia mușchiului constrictor determină o creștere a presiunii intra-esofagiene în timpul vorbirii, împiedicând vorbirea fluentă și poate, de asemenea, îngreuna și pasajul alimentelor și lichidelor.

Injecțiile cu Botox® pot fi efectuate de medicii ORL-iști, fie percutan, fie prin gastroscopie. Injecția percutană în mușchii constrictori faringieni, de-a lungul faringelui nou format (neofaringe), se face deasupra și în lateralul stomei traheale.

Injecția printr-un gastroscop se practică atunci când cea percutană nu poate fi realizată. Aceasta metodă este folosită la pacienții cu fibroză severă post radioterapie, întrerupere a anatomiei cervicale, anxietate sau incapacitate de a suporta injecția percutană. Totodată, acest procedeu permite o vizualizare directă și precisă a structurilor anatomice. Injecția în PES este realizată de către un gastroenterolog și este urmată de o expandare printr-un balonaș pentru a facilita distribuția uniformă a Botox®.

Fistula faringo-cutanată

Fistula faringo-cutanată reprezintă o legătură anormală între mucoasa faringiană și piele. De obicei, o scurgere salivară se dezvoltă din zona faringelui către piele, indicând o ruptură a suturii faringiene. Este cea mai frecventă complicație după laringectomie și apare, de regulă, la 7-10 zile postoperator. Radioterapia în antecedente reprezintă un factor de risc.

Alimentația orală se întrerupe până când fistula se vindecă singură, sau printr-o intervenție chirurgicală. Închiderea fistulei poate fi evaluată prin testul cu albastru de metilen sau prin radiografie cu substanță de contrast.

Simțul mirosului după laringectomie

Pacienții laringectomizați pot avea dificultăți în ceea ce privește mirosul, în ciuda faptului că, intervenția chirurgicală nu are legătură cu nervii implicați în miros (olfacție), aceștia fiind intacți. Ceea ce se schimbă, însă, este direcția aerului în timpul respirației. Înainte de laringectomie, aerul ajunge în plămâni prin nas și gură. Această mișcare a aerului prin nas face ca aromele să fie detectate de receptorii nervoși implicați în simțul mirosului.

După laringectomie, însă, nu se mai realizează un pasaj al aerului prin nas, lucru ce poate fi perceput ca o pierdere a simțului mirosului. Tehnica „căscatului politicos" poate ajuta pacienții laringectomizați să recapete simțul mirosului. Această metodă se numește în acest fel deoarece mișcările sunt similare ca atunci când cineva încearcă să caște cu gura închisă. Mișcările rapide, în jos, ale mandibulei și limbii în timp ce buzele sunt închise, vor crea un efect de aspirare al aerului în cavitatea nazală și vor permite detectarea de arome și mirosuri. Exersând, este posibilă obținerea aceluiași efect de aspirare prin mișcări subtile, dar eficiente ale limbii.

CAPITOLUL 12

Probleme medicale după radiații și intervenții chirurgicale: managementul durerii; răspândirea/continuarea în evoluție a cancerului; hipotiroidismul; prevenția erorilor medicale

Acest capitol descrie o serie de probleme medicale ce afectează pacienții laringectomizați. **Hipertensiunea** este discutată la pagina ..., iar **Limfedemul** la pagina ....

Managementul durerii

Mulți pacienți cu cancer sau supraviețuitori ai cancerului se plâng de durere. Durerea poate fi unul dintre cele mai importante semne ale bolii și poate chiar duce la diagnosticul acesteia. De aceea, durerea nu trebuie ignorată și prezența ei impune un consult medical. Durerea asociată cancerului variază în intensitate și calitate: poate fi constantă, intermitentă, ușoară, moderată sau severă. Poate fi, de asemenea, înțepătoare, difuză sau ascuțită.

Durerea poate fi cauzată de o tumoră ce determină o presiune sau care crește și distruge țesuturile din jur. Pe măsură ce tumora crește în dimensiuni, ea determină durere prin presiunea pe care o exercită asupra nervilor, oaselor și a altor structuri. Cancerul capului și gâtului poate eroda mucoasa și o poate expune salivei și a bacteriilor din cavitatea bucală. Cancerul ce metastazează sau care recidivează are o probabilitate și mai mare să determine durere.

Durerea poate apărea și în urma tratamentului împotriva cancerului. Chmioterapia, radioterapia și chirurgia reprezintă potențiale surse de durere. Chmioterapia poate cauza diaree, ulcerații bucale sau afectarea nervilor. Radioterapia poate determina durere și senzație de arsură la nivelul pielii și gurii, rigiditate musculară și afectarea nervilor. Intervenția chirurgicală poate fi dureroasă, poate fi deformantă și poate lăsa cicatrici care au nevoie de timp ca să se vindece.

Durerea poate fi tratată prin varii metode. Eliminarea sursei durerii prin radio-chimioterapie și chirurgie este ideală, dacă este posibil. Dacă nu, alte metode de tratament includ: medicație orală, blocuri nervoase, acupunctură, presopunctură, masaj, terapie fizică, meditație, relaxare și chiar umorul. Specialiști în managementul durerii pot oferi toate aceste metode de tratament.

Medicația antialgică poate fi administrată sub formă de tablete, tablete efervescente, intravenos, intramuscular, rectal sau sub formă de patch transdermic. Medicamentele pot fi: analgezice (aspirină, acetaminofen), AINS (ibuprofen), medicație slabă (codeină) sau puternică (morfină, oxicodonă, hidromorfonă, fentanil, metadonă) sau opioide.

Uneori, pacienții nu primesc tratamentul adecvat pentru durere. Motivele pentru aceasta includ: reticența medicilor în a întreba pacienții despre durere sau în a oferi tratament, reticența pacienților de a vorbi despre durerea lor, frica sau dependența de anumite medicamente și frica de efectele secundare medicației.

Tratarea durerii îmbunătățește atât stilul de viață al pacienților cât și al celor din jur. Pacienții ar trebui încurajați să vorbească despre durere și să caute tratament. Evaluarea de către un specialist în managementul durerii este indicată; toate centrele importante de tratare a cancerului beneficiază de programe de management al durerii.

Semne și simptome de recidivă sau cancer nou de cap și gât

Cei mai mulți oameni diagnosticați cu cancer de cap și gât primesc tratament medico-chirurgical care îndepărtează și eradichează cancerul. Întotdeauna există, însă, posibilitatea ca acest tip de cancer să revină; este nevoie de vigilență pentru a detecta recidivele sau noi tumori primare. Din acest motiv, este foarte importantă conștientizarea semnelor cancerului de laringe sau a unui alt tip de cancer din sfera ORL pentru a-l putea astfel detecta într-un stadiu incipient.

Semnele și simptomele cancerului de cap și de gât includ:

- spută sanguinolentă
- sângerare de la nivelul nasului, gurii și gâtului
- umflături la nivelul gâtului

- umflături, pete albe, roșii sau întunecate în gură

- respirație dificilă sau anormală

- tuse cronică

- schimbări de voce (inclusiv răgușeală)

- durere sau inflamația gâtului

- dificultate la mestecat, înghițit sau la mișcarea limbii

- îngroșarea obrajilor

- durere sau senzație de slăbiciune a dinților

- ulcerație bucală care nu se vindecă sau care crește în dimensiuni

- amorțirea limbii sau a unei alte zone din cavitatea bucală

- durere persistentă la nivelul cavității bucale, gâtului sau urechii

- respirație urât mirositoare

- pierdere în greutate

Toți cei care prezintă aceste simptome ar trebui să fie văzuți de un medic ORL-ist.

Metastazele cancerului de cap și de gât

Cancerul de laringe, asemenea celorlalte tipuri de cancer din sfera ORL, se pot răspândi către plâmâni și ficat. Riscul de metastazare este mai mare în cazul tumorilor de dimensiuni mari sau care au fost descoperite într-un stadiu tardiv. Cel mai mare risc apare în primii 5 ani, în special în primii 2 ani de când cancerul este descoperit. Dacă ganglionii limfatici locali nu relevă cancer, atunci riscul este mai scăzut.

Persoanele care au avut cancer într-un moment al vieții sunt susceptibili în a dezvolta un alt tip de cancer, nu neapărat în legătură cu cel de la nivelul capului și gâtului. Pe măsură ce îmbătrânesc, aceste persoane dezvoltă alte probleme medicale, cum ar fi hipertensiune sau diabet. De aceea, este necesar ca aceștia să primească o nutriție adecvată, să-și îngrijească dantura (vezi „Probleme dentare", pagina 117), să fie sub supravegherea unui medic și să fie examinați în mod regulat (vezi „ Monitorizarea de către medicul de familie, internist sau medicul specialist", pagina 112). Bineînțeles, supraviețuitorii unui cancer din sfera ORL trebuie să se păzească de orice tip de cancer, care este relativ ușor de diagnosticat prin examinarea regulată a sânului, uterului, prostatei, colonului și pielii.

Hipotiroidismul și tratamentul acestuia

Cei mai mulți pacienți laringectomizați prezintă nivele scăzute de hormoni tiroidieni (hipotiroidism) din cauza radioterapiei cât și a faptului că, în timpul intervenției chirurgicale, o parte sau chiar toată glanda tiroidă este îndepărtată.

Simptomele hipotiroidismului variază: unii indivizi nu prezintă simptomatologie, în timp ce alții au simptomatologie gravă, chiar amenințătoare de viață. Simptomele nu sunt specifice și deseori mimează schimbările asociate cu înaintarea în vârstă.

Simptome generale - Hormonul tiroidian stimulează metabolismul. Cele mai multe simptome ale hipotiroidismului sunt determinate de încetinirea proceselor metabolice. Simptomele sistemice includ: oboseală, lentoare, creștere în greutate, intoleranță la frig.

- **Piele -** Transpirație scăzută, piele uscată și îngroșată, păr subțire și friabil, dispariția sprâncenelor, unghii friabile.

- **Ochi -** Edem moderat periorbital.

- **Sistem cardiovascular -** Încetinirea ritmului cardiac și a contracțiilor inimii. Acestea determină fatigabilitate și dispnee la efort. Hipotiroidismul poate totodată determina hipertensiune și creșterea nivelului de colesterol.

- **Sistem respirator -** Apare o slăbire a mușchilor respiratori și funcția pulmonară poate scădea. Simptomele includ oboseală, dispnee la efort. Hipotiroidismul poate cauza edemul limbii, voce îngroșată și sindrom de apnee în somn (nu la pacienții laringectomizați).

- **Sistem gastrointestinal -** Apariția constipației ca urmare a încetinirii proceselor digestive.

- **Sistem reproducător -** Ciclu menstrual neregulat, fie absent, rar, sau frecvent și abundent.

81

Deficiența tiroidiană poate fi compensată prin intermediul hormonilor tiroidieni sintetici (Tiroxină). Aceasta se ia pe stomacul gol, cu un pahar plin cu apă, înainte de a mânca, preferabil înainte de micul dejun, deoarece alimentele care au un conținut ridicat de grăsimi (ouă, șuncă, pâine prăjită, cartofi, lapte) pot scădea absorbția tiroxinei cu până la 40%.

Mai multe tipuri de tiroxină sintetică sunt disponibile pe piață, dar există controverse cu privire la eficacitatea acestora. În 2004, FDA (Ford and Drug Administration) a aprobat un produs generic înlocuitor al levotiroxinei. Societatea Americană a Tiroidei, Societatea Americană de Endocrinologie și Societatea Americană a Medicilor Endocrinologi a emis obiecții cu privire la această decizie, susținând că pacienții trebuie tratați cu același tip de medicație. Dacă pacienții ar schimba medicația sau ar folosi un substituent generic, TSH (hormonul stimulator tiroidian) ar trebui dozat 6 săptămâni mai târziu.

Întrucât există mici diferențe între între formulele sintetice de tiroxină, este recomandat ca pacienții să fie tratați cu un singur tip de medicament. Dacă preparatul trebuie schimbat, atunci este indicată monitorizarea nivelurilor serice de TSH si a fT4 pentru a determina eventualele ajustări ale dozei de tiroxină.

După inițierea terapiei, pacientul trebuie reevaluat și doza de TSH trebuie măsurată la 3-6 săptămâni pentru a vedea dacă doza de tiroxină trebuie ajustată. Simptomele de hipotiroidie încep să se remită la 2-3 săptămâni de la începerea terapie și dispar complet după minim 6 săptămâni.

Doza de tiroxină poate fi crescută în 3 săptămâni la cei care continuă să prezinte simptome și la cei care au o concentrație serică crescută de TSH. Durează 6 săptămâni de la inițierea terapiei (sau de la modificarea dozelor de tiroxină) până când un status hormonal echilibrat este atins. Acest proces de creștere a dozei de hormon, la fiecare 3-6 săptamâni, este continuat în funcție de măsurătorile periodice ale TSH, până când acesta atinge valoarea normală (între 0.5-5 mU/L). Când această valoare este atinsă, se continuă cu monitorizarea periodică.

După identificarea dozei ideale de menținere, pacientul trebuie reexaminat și TSH-ul măsurat o dată pe an (sau de mai multe ori dacă există modificări). Ajustarea dozei poate fi necesară pe măsură ce pacientul înaintează în vârstă   sau   își   modifică   greutatea   corporală.

Prevenția erorilor medico-chirurgicale

Erorile medicale și chirurgicale sunt foarte frecvente și duc la o creștere a costurilor medicale, a duratei de spitalizare, a morbidității și mortalității dar și la o creștere a apariției proceselor de malpraxis.

Un text care descrie experiența mea personală cu privire la erorile medico-chirurgicale a fost publicat pe Disabled-world.com la adresa http://www.disabled-world.com/disability/publications/neck-cancer-patient.php.
Cel mai bun mod în a preveni erorile este ca pacientul să-și fie propriul avocat sau acest rol să-l îndeplinească un membru al familiei sau un prieten.

Frecvența erorilor medicale poate fi redusă atunci când:

- pacientul este corect informat și nu ezită să ceară explicații suplimentare

- pacientul devine un „expert" în problemele sale medicale

- un membru al familiei sau un prieten rămâne în spital alături de pacient

- se cere o a doua opinie medicală

- toți celor implicați în actul medical li se aduce la cunoștință despre starea și nevoile pacientului (înainte și după intervenția chirurgicală)

Apariția erorilor medico-chirurgicale știrbește încrederea pacientului în medici. Recunoașterea erorilor și asumarea responsabilității de către medici poate reface legătura dintre medic și pacient și recâștiga încrederea acestora. Astfel, se pot afla circumstanțele apariției acestor greșeli și se pot preveni eventualele erori în viitor. O discuție deschisă și sinceră le poate asigura pacienților că medicii, cât și spitalul,iau în serios această problemă.

A nu discuta greșelile cu pacientul sau cu familia acestuia duce la o creștere a anxietății, frustrării și furiei acestuia, îngrunând procesul de recuperare. Și, bineînțeles, furia acumulată poate duce la declanșarea unui proces de malpraxis.

Vigilența și atenția sporită a comunității medicale poate reduce erorile medico-chirurgicale. Erorile evidente trebuie prevenite atât cât este posibil din punct de vedere uman; ignorarea acestora va duce la reapariția lor. Politici instituționale ar trebui implementate pentru a încuraja și a susține medicii să dezvăluie aceste evenimente neplăcute. Onestitatea și deschiderea cu privire la acestea poate îmbunătăți relația medic-pacient. Există anumiți pași preventivi care pot fi implementați de către o instituție medicală. Educarea pacientului și a aparținătorilor cu privire la starea de sănătate a acestuia și a planului de tratament este de importanță vitală. Medicii pot preveni eventualele erori dacă observă deviații de la planul de tratament.

Toți cei care lucrează în domeniul medical pot face următorii pași penru a preveni erorile medicale:

- să beneficieze de pregătire medicală îmbunătățită și uniformă

- să respecte standardele bine stabilite de îngrijire

- să efectueze verificări în mod regulat pentru a detecta și corecta erorile medicale

- să angajeze numai personal bine educat și pregătit

- să consilieze, să admonesteze și să educe pe cei ce comit erori dar și să-i destitutie pe cei ce continuă să comită erori

- să creeze și să urmeze cu meticulozitate algoritmi (seturi specifice de instrucțiuni pentru proceduri), să stabilească protocoale și liste de verificare pentru toate tipurile de intervenții

- să crească supravegherea și dialogul între furnizorii de servicii medicale

- să investigheze toate erorile medicale și să ia măsuri pentru prevenirea acestora

- să educe și să informeze pacientul și aparținătorii cu privire la starea pacientului și planul de tratament ce trebuie urmat

- să se asigure că există un membru al familiei sau un prieten care poate servi drept avocat al pacientului pentru a asigura un management adecvat

- să răspundă la eventualele plângeri ale pacientului și familiei acestuia, să-și asume responsabilitatea când este cazul și să discute cu pacientul dar și cu ceilalți medici pentru a preveni erorile medicale.

CAPITOLUL 13

Îngrijirea pacientului: follow-up periodic, evitarea fumatului, vaccinarea

Îngrijirea medicală şi dentară preventivă este esenţială pentru pacienţii neoplazici. Multe persoane cu cancer îşi neglijează alte probleme medicale importante şi se focusează exclusiv pe cancer. Neglijarea celorlalte probleme medicale poate avea consecinţe serioase influenţând starea de bine şi longevitatea.

Cele mai importante măsuri preventive pentru laringectomizaţi şi pacienţii cu neoplazii ale capului şi gâtului includ:

• îngrijire dentară corespunzătoare;

• examinarea de rutină de către medicul de familie;

• urmărirea în mod regulat de către un otorinolaringolog;

• vaccinarea corespunzătoare;

• oprirea fumatului;

• utilizarea tehnicilor adecvate (ex: folosirea apei sterile pentru irigarea stomei);

• menţinerea unei nutriţii adecvate.

Urmărirea stomatologică de rutină şi îngirjirea stomatologică preventivă sunt discutate în Capitolul 14 (pagina 117).

Utilizarea unor tehnici adecvate pentru stomă este prezentată în Capitolul 8 (pagina ….).

Nutriţia corespunzătoare este discutată în Capitolul 11 (pagina …).

Urmărirea de către medicul de familie, internist și medicii specialiști

Urmărirea medicală continuă de către specialiști, incluzând O.R.L-istul, radioterapeutul (pentru cei care urmează radioterapie) și oncologul (pentru cei care au primit chimioterapie) este esențială. Odată cu trecerea timpului de la diagnosticul inițial, tratament și intervenție chirurgicală, urmărirea are loc din ce în ce mai rar. Cei mai mulți otorinolaringologi recomandă examinarea lunară în primul an după diagnostic și/sau intervenție chirurgicală și mai rar după aceea, depinzând de starea pacientului. Pacientul este încurajat să își contacteze medicul de fiacare dată când apar noi simptome.

Controalele periodice asigură faptul că orice modificare a stării de sănătate este notată și ori de cate ori o nouă problemă apare este luată în considerare și tratată. Clinicianul va realiza o examinare atentă pentru a detecta recedivele neoplazce. Controalele includ o examinare generală a întregului corp și examinarea specifică a gâtului, faringelui și esofagului și a stomei traheale. Examinarea căilor aeriene superioare se va realiza utilizând endoscopul sau prin vizualizare indirectă, cu o oglindă de mici dimensiuni și mâner lung, cu care se verifică regiunile modificate. Examinarea radiologică sau alte investigații pot fi utilizate atunci când este nevoie.

De asemena, este foarte important urmărirea de către un internist sau medic de familie, cât și de către un dentist, pentru rezolvarea celorlalte probleme de sănătate și afecțiuni stomatologice.

Vaccinarea anti-gripală

Este importantă pentru laringectomizați vaccinarea împotriva gripei, indiferent de vârstă. Gripa poate fi mai dificil de gestionat la acești pacienți și vaccinarea este o măsură preventivă importantă.

Există două variante de vaccin anti-gripal: una injectabilă care este adecvată pentru orice vârstă și una inhalatorie (cu virus viu) folosită doar pentru persoanele mai mici de cincisprezece ani care nu sunt imunocompromise.

 Vaccinurile disponibile includ:

•   Injecția anti-gripală unică – un vaccin inactivat (conține virus omorât), se administrează prin intermediul unui ac, de obicei în mână. Injecția anti-gripală este aprobată pentru persoanele mai mari de șase luni, incluzând indivizii sănătoși și cei cu boli cronice.

• Vaccinul anti-gripal sub formă de spray nazal – un vaccin realizat cu virus gripal viu, atenuat care nu cauzează gripa (uneori denumit LAIV, de la „live attenuated influenza vaccine" - vaccin anti-gripal viu atenuat sau Fluenz Tetra®). LAIV este aprobat doar pentru indivizii sănătoși cu vârsta între 2-49 de ani (exceptând femeile gravide).

Un nou vaccin pentru gripă este preparat în fiecare nou sezon. Exact tulpinile care cauzează boala sunt imprevizibile, dar cel mai probabil tulpinile ce produc boala în alte părți ale lumii produc boala și în România. Cel mai bine este să fie consultat doctorul înainte vaccinării pentru a fi sigur că nu există niciun motiv care ar contraindica vaccinarea (cum ar fi alergia la ouă).

Cea mai bună metodă pentru diagnosticul gripei este un test rapid din secrețiile nazale cu unul dintre kit-urile diagnostice existente. Deoarece pacienții laringectomizați nu au conexiune între nas și plămâni, se recomandă să se tasteze și secrețiile nazale pe lângă sputa traheală (utilizând un kit aprobat pentru testarea sputei).

Informații despre aceste teste pot fi găsite pe siteul CDC (Center of Disease Control – Centrul de Control al Bolilor: http://www.cdc.gov/flu/professionals/diagnosis/rapidlab.htm).

Unul dintre „avantajele" în a fi laringectomizat este faptul că, în general, respectivii vor lua mai puține infecții cauzate de virusuri ale tractului respirator. Acest lucru se datorează faptului că virusurile „de răceală" infectează în general întâi nasul și gâtul; de acolo ei călătoresc în restul corpului, incluzând plămânii. Deoarece laringectomizații nu respiră prin intermediul nasului, este mai puțin posibil ca aceste virurusi de răceală să îi infecteze.

Este totuși important pentru laringectomizați să primească anual imunizare împotriva gripei, să poarte un dispozitiv HME (Heat and Moisture Exchanger – schimbător de căldură și umiditate) pentru a filtra aerul care intră în plămâni și să se spele pe mâini înainte de a atinge stoma sau dispozitivul HME sau înainte de a mânca. Dispozitivul Atos (Provox) Micron HME cu filtru electrostatic este proiectat să filtreze potențialii patogeni și să reducă susceptibilitatea pentru infecțiile respiratorii.

Virusul gripal se poate răspândi prin atingerea obiectelor. Laringectomizații care utilizează o proteză vocală și care au nevoie să apese pe dispovizitvul HME pentru a vorbi pot avea un risc crescut de a-și introduce virusul direct la nivelul plămânilor. Spălarea mâinilor sau utilizarea unui dezinfectant de mâini poate preveni răspândirea virusului.

Vaccinarea împotriva bacteriei pneumococice

Este recomandat ca laringectomizații și ceilalți pacienți care respiră direct de la nivelul gâtului să primească vaccinare anti-pneumococică, această bacterie reprezentând una dintre cauzele semnficative de pneumonie. În Statele Unite ale Americii există două tipuri de vaccinuri împotriva pneumococului: vaccinul pneumococic conjugat (Prevnar 13 sau PCV13) și vaccinul pneomococic polizaharidic – un vaccin pneumococic poloizaharidic 23-valent (Pneumovax sau PPV23).

Ar trebui consultat doctorul înainte de a primi vaccinarea anti-pneumococică.

CDC publică ghidurile actuale pe: http://www.cdc.gov/vaccines/

Evitarea fumatului și a alcoolului

Pacienții cu neoplazii ale capului și gâtului ar trebui să fie consiliați despre importanța opririi fumatului. În plus față de faptul că fumatul reprezintă un risc major pentru cancerul capului și al gâtului, riscul de cancer este și mai mult intensificat de consumul de alcool. Fumatul poate influența de asemenea prognosticul cancerului. Pacienții cu cancer laringian care continuă să fumeze și să bea alcool au șanse mai mici de a se vindeca și au probabilitate mai mare de a dezvolta o a doua tumoră. Când fumatul este continuat atât în timpul cât și după radioterapie, poate crește severitatea și durata reacțiilor mucozale, se poate înrăutățoo uscarea gurii (xerostomie) și se poate compromite externarea pacientului.

Fumatul tutunului și consumul de alcool scad de asemenea eficiența tratamentului pentru cancerul laringian. Pacienții care continuă să fumeze pe parcursul radioterapiei au o rată de supraviețuire pe termen lung mai scăzută, comparativ cu cei care nu fumează.

CAPITOLUL 14

Problemele dentare și terapia cu oxygen hiperbar

Problemele dentare pot fi o provocare pentru laringectomizați, în principal datorită efectelor pe termen lung ale radioterapiei. Menținerea unei bune igiene dentare poate preveni multe probleme.

Problemele dentare

Problemele dentare sunt obișnuite după expunerea capului și gâtului la radioterapie.

Efectele dăunătoare ale radioterapiei includ:

- reducerea vascularizației către oasele maxilar și mandibular;
- scăderea producției și modificarea compoziției chimice a salivei;
- modificări la nivelul bacteriilor care colonizează gura.

Datorită acestor modificări, cariile dentare, duererea, inflamația gingivală și periodontală pot fi cu adevărat problematice. Acestea pot fi diminuate printr-o bună îngrijire a dinților și gurii, cum ar fi curățarea, spălarea și utilizarea pastei de dinți fluorurate după fiecare masă, atunci când este posibil. Utilizarea unui preparat special fluorurat cu care să se facă gargară sau să se aplice la nivelul gingiilor ajută la prevenirea cariilor dentare. Menținerea unei bune hidratări și utilizarea înlocuitorilor de salivă atunci când este necesar este de asemenea important.

Se recomandă ca pacienții care primesc radioterapie la nivelul capului și gâtului să facă o vizită stomatologului pentru o examinare amănunțită cu câteva săptămâni înainte de inițierea tratamentului și o examinare de bază o dată sau de două ori pe an, întreaga viață. Menținerea unei igiene dentare regulate este deopotrivă importantă.

Deoarece radioterapia alterează suplimentarea cu sânge a oaselor maxilar și mandibular, pacienții pot avea riscul de a dezvolta necroza oaselor (osteroradionecroză) de la aceste nivele. Extracțiile dentare și afecțiunile dentare în zonele iradiate pot duce la dezvoltarea osteoradionecrozei.

Pacienţii ar trebui să îşi informeze stomatologul despre radioterapia pe care o urmează, înaintea acestor proceduri. Osteoradionecroza poate fi prevenită prin administrarea unor serii de terapie cu oxigen hiperbaric (vezi mai jos) înainte şi după extracţii sau intervenţii chirurgicale la nivelul dinţilor. Aceasta este recomandată dacă dintele afectat este într-o zonă care a fost expusă la o doză mare de radiaţii. Conslutarea cu oncologul radioterapeut care administrează radioterapia poate fi de ajutor în a determina dacă aceasta este necesară.

Profilaxia dentară poate reduce riscul problemelor dentare care duc la necroza osoasă. Tratamentele fluorurate speciale pot ajuta la prevenirea problemelor dentare, împreună cu periatul, utilizarea aţei dentare şi menţinerea dinţilor curaţi în mod regulat.

O rutină de lungă durată pentru îngrijirea dinţilor acasă este recomandată:

• curăţarea cu aţă dentară a fiecărui dinte şi perierea cu pastă de dinţi după fiecare masă;

• perierea limbii cu o perie de limbă sau cu o periuţă de dinţi cu peri moi o dată pe zi;

• clătirea cu loţiune cu bicarbonat de sodiu zilnic. Bicarbonatul de sodiu ajută la neutralizarea gurii. Loţiunea este făcută dintr-o linguriţă de bicarbonat de sodiu la care se adaugă 350 ml de apă. Clătirea cu apă de gură se poate realiza pe parcursul zilei;

• utilizarea fluorurii în agenţi fluoruraţi o dată pe zi. Aceştia sunt disponibili în preparate comerciale şi de asemenea pot fi preparaţi de către stomatologi. Se aplică pe dinţi pentru zece minute. După aplicarea fluorurei nu trebuie să se clătească, să bea sau să mănânce timp de treizeci de minute.

Refluxul acid gastric este de asemenea frecvent întâlnit după chirurgia capului şi a gâtului, în special la indivizii care au avut parte de o laringectomie parţială sau totală (vezi **Simptomele şi tratamentul refluxului acid gastric**, pagina 89). Acesta poate cauza totodată eroziuni dentare (în special la nivelul maxilarului inferior) şi în cele din urmă pierderea dinţilor.

Toate aceste efecte dăunătoare pot fi reduse prin:

- utilizarea medicației anti-acide;

- consumarea de cantități mici de mâncare și apă de fiecare dată;

- evitarea potizției culcate imediat după masă;

- când se întinde, ridicarea pe o pernă apărții superioare a corpului la 45 de grade.

Terapia cu oxigen hiperbaric

Terapia cu oxigen hiperbar (HBO) implică respirarea de oxigen pur intr-o cameră presurizată. Terapia HBO este un tratament bine stabilit pentru boala de decompresie (un risc al scufundătorilor) și poate fi utilizată pentru a preveni osteoradionecroza.

HBO este utilizată pentru a trata o varietate largă de afecțiuni medicale incluzând bule de aer la nivelul vaselor de sânge (embolism arterial gazos), boala de decompresie, intoxicarea cu monoxid de carbon, infecții ale pielii sau osului care cauzează moartea țesutului (ca osteoradionecroza), injurii produse de radiații, arsuri, grefe de piele sau lambouri de piele la risc de moarte a țesutului și anemia severă.

În camera în care se realizează terapia HBO, presiunea aerului este ridicată de până la trei ori mai mult decât presiunea normală a aerului. Sub aceste condiții, plămânii pot acumula mai mult oxigen decât atunci când respirăm oxigen pur la o presiune normală aerului.

Sângele cară oxigenul prin corp, stimulând eliberarea de agenți chimici numiți „factori de creștere" și celule stem care promovează vindecarea. Când țesutul este afectat are nevoie chiar de mai mult oxigen pentru a supraviețui. Terapia HBO crește cantitatea de oxigen din sânge și poate restabili temporar nivelele normale de gaze sanguine și funcția tisulară. Aceasta promovează vindecarea și abilitatea țesutului de a lupta cu infecția.

Terapia HBO este în general sigură și complicațiile sunt rare. Acestea pot include: afectarea temporară a vederii la distanță (miopie), lezarea urechii medii și a celei interne (incluzând scurgere de lichid și ruperea timpanului datorită presiunii aeriene crescute), injuria organelor cauzată de schimbările presiunii aeriene (barotraumă) și convulsii ca rezultat al toxicității oxigenlui.

Oxigenul pur poate cauza un incediu dacă există o sursă de ardere, cum ar fi o scânteie sau flacără. Așadar este interzis introducerea de obiecte care ar putea declanșa un foc (de exemplu brichete sau dispozitive pe bază de baterii) în camera în care se realizează terapia HBO.

Terapia HBO poate fi realizată de pacienții externați, nefiind nevoie de spitalizare. Pacienții spitalizați pot avea nevoie de transportul către și de la locul terapiei HBO, dacă aceasta este o facilitate din exteriorul spitalului.

Tratamentul poate fi realizat în următoarele două situații:

• o unitate destinată unei singure persoane într-un ansamblu individual, în timp ce pacientul stă întins pe o masă căptușită care pătrunde într-un tub de plastic transparent;

• o cameră proiectată pentru a găzdui mai multe persoane, unde pacientul poate sta jos sau se poate întinde. O cască sau o mască distribuie oxigenul.

În timpul terapiei HBO presiunea crescută a aerului creează o senzație de plenitudine în urechi – similar celei din avion sau de la altitudine ridicată – care poate fi eliberată prin căscat.

Durata unei sesiuni de terapie poate fi între una și doua ore. Membrii echipei medicale monitorizeză pacientul pe parcursul sesiunii. După terapie, pacientul se poate simți amețit pentru câteva minute.

Pentru a fi eficientă, terapia HBO necesită mai mult de o sesiune. Numărul de sesiuni necesare depind de afecțiunea medicală, cum ar fi intoxicația cu monoxid de carbon care poate fi tratată în mai puțin de trei vizite. Altele, cum ar fi osteoradionecroza sau plăgile nevindecabile, pot necesita 25 sau 30 cure.

Terapia HBO singură poate deseori trata boala de decompresie, embolia arterială gazoasă și intoxicația severă cu monoxid de carbon. Pentru a fi eficientă în tratamentul altor afecțiuni medicale, HBO este utilizată ca parte a unui plan de tratament larg și este administrată în legătură cu terapii adiționale și medicamente care se potrivesc nevoilor individuale.

CAPITOLUL 15

Probleme psihologice: legate de depresie, sinucidere, nesiguranţă, împartăşirea diagnosticului, furnizorul de servicii de sănătate; sursa de suport.

Supravieţuitorii cancerului de cap şi gât, incluzând laringectomizaţii, înfruntă multe provocări psihologice, sociale şi personale. Acest lucru se datorează în principal faptului că neoplaziile cancerului şi ale gâtului şi tratamentul acestuia afectează printre cele mai de bază funcţii umane: respiraţia, mâncatul, comunicarea şi interacţiunea socială. Înţelegrea şi tratarea acestor probleme este la fel de importantă ca gestionarea preocupărilor medicale.

Indivizii diagnosticaţi cu cancer experimentează numeroase sentimente şi emoţii care se pot schimba de la zi la zi, de la oră la oră, chiar de la minut la minut şi pot genera o grea povară psihologică

Unele dintre sentimente includ:

* negarea;

* furia;

* frica;

* stresul;

* anxietatea;

* depresia;

* supărarea;

* vinovăţia;

* singurătatea.

Cum să faci față depresiei

Mulți oameni cu cancer se simt triști sau sunt în depresie. Acesta este un răspuns normal la o boală gravă. Depresia este una dintre cele mai dificile probleme cu care are de a face pacientul cu cancer. Totuși, stigamitzarea socială și conștientizarea depresiei face dificilă solicitarea ajutorului și urmarea terapiei.

Unele dintre semnele depresiei includ:

• un sentiment de neajutorare sau deznădejde sau că viața nu are niciun sens;

• dezinteres în a fi cu familia sau prietenii;

• dezinteres față de hobby-uri și activități anterior plăcute;

• scăderea apetitului sau dezinteres față de mâncare;

• plâns pentru perioade lungi de timp sau de mai multe ori pe zi;

• probleme cu somnul, fie doarme prea mult, fie prea puțin;

• modificări ale nivelului de energie;

• ganduri de sinucidere, incluzând planurile sau acțiune de a se ucide, la fel de bine ca gândurile frecvente despre moarte sau dorința de a murii.

Provocările vieții ca laringectomizat care trăiește în umbra cancerului face chiar mai dificilă combaterea depresiei. Imposibilitatea de a vorbi sau chiar dificultatea de a vorbi, face mai dificlă exprimarea emoțiilor si poate duce la izolare. Îngrijirea chirurgicală și medicală adesea nu este suficentă pentru o asemenea problema; mai multă atenție ar trebui dată bunăstării mentale după laringectomie.

Succesul de a face față și a birui depresia sunt foarte importante, nu doar pentru starea de bine a pacientului, cât și pentru facilitarea recuperării, crescând șansele pentru o mai lungă supraviețuire și o vindecare decisivă. Există dovezi în creștere în ceeea ce privește conexiunea dintre corp și minte. Deși multe dintre aceste conexiuni nu sunt încă cunoscute, este recunoscut faptul că indivizii care sunt motivați în a se face bine și care expun o atitudine pozitivă, se recuperează mai repede dintr-o boală gravă, trăiesc mai mult și uneori supraviețuiesc unori întâmplări grozave. Într-adevăr, s-a dovedit că acest efect poate fi mediat prin transformări ale răspunsului imun celular și prin scăderea activității celulare de ,,natural killer".

Există, desigur, multe motive pentru a te simți în depresie după aflarea diagnosticului de cancer și conviețuirea cu acesta. Este o boală devastatoare pentru pacienți și familiile lor, mai ales pentru că medicina nu a găsit încă o cură pentru cele mai multe tipuri de cancer. După ce boala a fost descoperită, este prea târziu pentru a o mai preveni, dacă neoplazia a fost descoprită într-un stadiu avansat, riscul unei diseminări este crescut și șansa unui tratament curativ scade semnificativ.

Multe emoții trec prin mintea pacientului după aflarea veștilor rele. "De ce eu?" și "Este adevărat?". Depresia este un mecanism prin care se face față necazului. Cei mai mulți oameni trec prin mai multe stagii în încercarea de a face față cu o nouă situație dificilă cum ar fi laringectomia. La început se confruntă cu negarea și izolarea, apoi cu furia, urmată de depresie și în final, acceptare.

Unii oameni rămân blocați într-un anumit stadiu, cum ar fi depresia sau furia. Este important să depășească momentul și să ajungă la stadiul final reprezentat de acceptare și încredere. De aceea, ajutorul profesional, înțelegerea și sprijinul familiei și al prietenilor este foarte important.

Pacienții sunt neivoiți să treacă peste un impas mortal, uneori pentru prima dată în viață. Sunt forțați să facă față bolii, existând consecințe imediate și pe termen lung. În mod paradoxal, simțindu-se în depresie după descoperirea diagnosticului, permite pacientului să accepte noua realitate. Indiferența face mai ușoară supraviețuirea cu un viitor nesigur. Totuși, în timp ce gândirea "Nu îmi mai pasă" poate face mai ușor de suportat situația temporar, un asemenea mecanism de coping poate interfera cu căutarea de ajutor adecvat și poate duce rapid la declinul calității vieții.

Înfruntarea depresiei

Din fericire, pacientul își poate găsi puterea să lupte cu depresia. Imediat după laringectomie oamenii pot fi copleșiți de noile sarcini și realități. Adesea experimentează o perioadă de plângere după cele pierdute, care include vocea și starea anterioară de sănătate. Trebuie, de asemenea, să accepte multe deficite permanente, printre care abilitatea de a vorbi normal. Unii pot avea sentimentul că este nevoie să aleagă între a ceda unei depresii înfiorătoare sau să devină activi și să se reîntoarcă la viață. Dorința de a fi mai bine și de a depăși un handicap poate fi forța necesară pentru a schimba un trend descendent. Depresia poate reveni, fiind nevoie de o continuă luptă pentru a o invinge.

Unele dintre măsurile cu care pacienții laringectomizați și cei cu neoplazii ale capului și gâtului pot face față depresiei sunt:

- evitarea abuzului de substanțe;

- solicitarea ajutorului;

- excluderea cauzelor medicale (hipotiroidism, efecte adverse ale medicației);

- determinarea de a deveni proactiv;

- minimizarea stresului;

- devenirea unui exemplu pentru alții;

- întoarcerea la activitățile anterioare;

- luarea în considerare a medicației antidepresive;

- solicitarea de ajutor de la familie, prieteni, profesioniști, colegi, colegi laringectomizati și grupuri de suport.

Acestea sunt unele modalități de a schimba starea de spirit:

- desfășurarea de activități relaxante;

- construirea de relații personale;

- menținrea formei fizice și a energiei;

- reintegrarea socială cu familia și prietenii;

- voluntariatul;

- găsirea unor proiecte cu semnificație;

- odihna.

Suportul membrilor familiei şi al prietenilor este foarte impoartant. Implicarea continuă şi contribuţia în vieţiile altora poate fi fortifiantă. Unii pot câştiga încredere din savurarea, interacţiunea şi implicarea în vieţile copiilor şi ale nepoţiilor. Fiind un exemplu în faţa copiilor şi a nepoţiilor de a nu renunţa în faţa necazului poate reprezenta forţa necesară pentru a fi proactiv şi de a rezista depresiei.

Implicarea în activtăţi plăcute anterior intervenţiei chirurgicale poate asigura un scop durabil pentru viaţă. Participarea la activităţi în cadrul unui club local de pacienţi laringectomizaţi poate fi o nouă sursă de suport, sfaturi şi prietenii.

A cere ajutor unui profesionist în sănătatea mentală precum un asistent social, psiholog sau psihiatru poate fi de asemenea de ajutor. Având un medic grijuliu şi competent şi un patolog al vorbirii şi limbajului poate asigura o urmărire continuă, ceea ce este foarte important. Implicarea lor poate ajuta pacientul să facă faţă urgenţelor medicale şi problemelor de limbaj şi poate contribui la sentimentul stării de bine.

Sinuciederea în rândul pacienţiilor cu neoplazii ale capului şi gâtului

Rata sinuciderii la pacienţii cu cancer este dublă comparativ cu populaţia generală, conform studiilor recente. Aceste studii ţintesc nevoia urgentă de a recunoaşte probleme psihice ca depresia sau ideile suicidale în rândul pacienţilor.

Cele mai multe studii au găsit o rată crescută a tulburărilor depresive asociatie cu sinuciderea în rândul pacienţiilor cu cancer. În plus faţă de tulburările depresive minore şi majore, exista şi o rată crescută a depresiei mai puţin severe în rândul pacienţilor vârstnici care este uneori nerecunoscută şi adesea netratată. Multe studii au arătat că la aproape jumătate din cazurile de suicid la oamenii cu cancer, depresia majoră era prezentă. Alţi factori importanţi care contribuie sunt anxietatea, tulburările afective, durerea, lipsa sistemelor de suport social şi demoralizarea.

Creşterea relativă a riscului de sinucidere este cel mai mare în primii cinci ani după diagnosticul de cancer şi descreşte gradual ulterior. Oricum, riscul rămâne ridicat pentru cincisprezece ani după un diagnostic de cancer. Ratele mai mari de suicid în rândul pacienţiilor cu cancer sunt asociate cu sexul masculin, rasa albă şi statutul de necăsătorit. Printre bărbaţi, ratele mai crescute de diagnostic se regăsesc o dată cu creşterea vârstei la diagnostic.

Ratele de suicid variază cu tipul de cancer: cea mai mare rată se găsește la pacienții cu cancer de plămâni și bronhii, stomac și cap și gât, incluzând cavitatea orală, faringele și laringele. O prevalență mai crescută a depresiei și suferinței este regăsită în rândul pacienților cu aceste tipuri de cancer. Rata crescută a depresiei în cancerul de cap și gât poate fi explicată prin influența devastatoare pe care boala o poate avea asupra calității vieții. Aceasta este deoarece afectează înfățișarea și funcțiile esențiale ca vorbitul, înghițitul și respiratul.

Screeningul pacienților cu cancer pentru depresie, deznădejde, suferință, durere cruntă, mecanismele de adaptare în fața problemlor și ideile suicidale reprezintă o cale utilă pentru a-i identifica pe cei la risc. Consilierea și adreserea către specialiștii în sănătate mintală când este necesar poate prevenii sinuciderea la pacienții la risc cu cancer. Această abordare include de asemenea vorbirea cu pacienții cu un risc ridicat de suicid (și cu cei din familie) despre reducerea accesului lor la cele mai comune metode folosite pentru comiterea suicidului.

Mecanismele de adaptare față de un viitor incert

Odată ce cineva a fost diagnosticat cu cancer și chiar după succesul tratamentului, este dificil și aproape imposibil să te eliberezi complet de frica unei recidive. Unii oameni sunt mai buni decât alții în a trăi cu această incertitudine; aceia care se acomodează sfârșesc prin a fi fericiți și sunt mai capabili să meargă mai departe cu viața lor comparativ cu cei ce nu se acomodează.

Ceea ce face dificilă prezicerea viitorului este faptul că explorările utilizate pentru detectarea cancerului (tomografia cu emisie de pozitroni sau PET, tomografia computerizată sau CT, imaginea prin rezonanță magnetică sau IRM) în general, detectează cancerul care este mai mare de doi centimetrii si jumătate; doctorii pot scăpa o leziune de mici dimensiuni localizată într-un loc greu de vizualizat.

În consecință, pacienții trebuie să accepte realitatea că neoplazia se poate întoarce și că examinarea fizică și supravegherea sunt cele mai bune căi de monitorizarea a condiției lor.

Ceea ce ajută adesea la mecanismele de adaptare cu un nou simptom (excepție atunci când este urgent) este să aștepte câteva zile înainte de a cere asistență medicală. În general, majoritatea simptomelor noi vor dispărea într-o scurtă perioadă. Cu timpul, majoritatea persoanelor învață să nu se panicheze și să utilizeze experiența din trecut, discernământul și cunoștiințele pentru a raționaliza și înțelege simptomele.

Din fericire, cu timpul, devin mai buni în ceea ce privește mecanismele de adaptare față de un viitor incert și învață să accepte și să trăiască cu aceasta, găsind un echilibru între frică și acceptare.

Câteva sugestii de metode cu care cineva poate face față unui viitor incert includ:

• să se separe pe sine de boală;

• să se focuseze pe alte interese, altele decât cancerul;

• să dezvolte un stil de viață care evită stresul și promovează pacea interioară;

• să continue cu controale medicale periodice.

Împărtășirea diagnosticului cu ceilalți

După diagnosticarea cu cancer, persoana trebuie să decidă să împărtășească informația cu ceilalți sau să o mențină privată. Indivizii pot alege să mențină informația privată datorită fricii de stigmatizare, respingere sau discriminare. Unii nu vor să arate vulnerabilitatea sau slăbiciunea sau se simt compătimiți de către ceilalți. Recunoscut sau nu, oamenii bolnavi – în special cei cu o boală potențial terminală – sunt mai puțini capabili de a fi competitivi în societate și sunt adesea, intenționat sau nu, în mod nefavorabil discriminați. Unii se pot teme că, din alt punct de vedere, prietenii compătimitori sau apropiații se pot distanța de ei pentru a se proteja de o pierdere inevitabilă prevăzută – sau datorită simplului fapt că nu știu ce să spună sau cum să se comporte.

Păstrarea diagnosticului secret poate crea izolare emoțională și temeri, fiind necesar să facă față unei noi realități fără suport. Unii pot împărtăși diagnosticul doar unui număr limitat de persoane pentru a-i menaja pe alții de trauma emoțională. Desigur, a cere oamenilor să țină acestă adesea devastatoare informație secretă îi privează de la a primi propriul suport emoțional și asistență.

Împărtășirea informației cu familia sau prietenii poate fi dificilă și este cel mai bine prezentată într-un mod care se potrivește ablităților individuale de a face față situației. Este cel mai bine să comunici fiecărei persoane separat și să îi permiți fiecăruia să pună întrebări și să își exprime sentimentele, fricile și îngrijorările. Livrarea veștilor într-un mod optimist, subliniind posibilitatea de recuperare, poate face totul mai ușor. Comunicarea către copiii mai mici poate fi provocatoare și este cel mai bine făcută în funcție de capacitatea lor de a digera informația.

După intervenția chirurgicală și în special după laringectomie, nu mai este posibilă ascunderea diagnosticului. Cele mai multe persoane nu regretă împărtășirea diagnosticului cu ceilalți. În general, ei descoperă că prietenii nu îi abandonează și că primesc suport și încurajări, ceea ce îi ajută în vremurile dificile. Deschizându-se în fața celorlaltora și împărtășind diagnosticul, supraviețiitorii exprima faptul că nu se simt rușinați sau slăbiți din cauza bolii lor.

Laringectomizații sunt un grup mic în rândul supraviețuitorilor de cancer. Totuși, ei sunt într-o poziție unică pentru că își poartă diagnosticul la nivelul gâtului și prin intermediul vocii. Nu pot ascunde faptul că respiră pe la nivelul stomei și că vorbesc cu o voce slabă și uneori mecanică. Totuși, supraviețuirea lor este un testament că o viață producitvă și însemnată este posibilă chiar și după ce ai fost diagnosticat cu cancer.

Îngrijirea unui apropiat cu cancer

Să fii îngrijitor pentru un apropiat cu o boală gravă cum este cancerul de cap și gât este foarte dificil și poate fi solicitant fizic și emoțional. Poate fi extrem de greu să privești o persoană cum suferă, în special dacă nu sunt prea multe de făcut pentru a depăși boala. Îngrijitorii ar trebui, oricum, să realizeze importanța a ceea ce fac, chiar atunci când nu primesc deloc sau primesc puțină apreciere.

Îngrijitorii se tem adesea de potențiala moarte a celor iubiți și de viața fără ei. Aceasta poate provoca anxietate și depresie. Unii fac față prin refuzul de a accepta diagnosticul de cancer și prin închipuirea că boala persoanei iubite este mai puțin severă precum cancerul.

Îngrijitorii adesea își sacrifică bunăstarea și au nevoie să se adapteze acelor persoane pe care le îngrijesc. Ei adesea trebuie să calmeze fricile celui iubit și să le ofere suport, în ciuda faptului că ei sunt ținta furiei revărsate, frustării și anxietății. Aceste frustrări pot fi exagerate la cei cu neoplazii ale capului și gâtului, care adesea se exprima verbal dificil. Îngrijitorii adesea își suprimă propriile sentimente și își ascund emoțiile pentru a nu-l supăra pe cel bolnav. Acest lucru este solicitant și dificil.

Este de ajutor pentru pacient și îngrijitorii lui să vorbească deschis și onest unul cu altul și să își împărtășescă sentimentele, temerile și aspirațiile. Aceasta poate fi mai provocator la cei cu dificultăți de vorbire. Întâlnirea cu frunizorul de servicii medicale permite o mai bună comunicare și luare de decizii la comun.

Din nefericire, bunăstarea îngrijitorului este frecvent ignorată, deoarece toată atenția este focusată pe persoana bolnavă. Este esențial, oricum, ca nevoile îngrijitorului să nu fie ignorate. Primirea de suport fizic și emoțional de la prieteni, familie, grupuri de suport și profesioniști în sănătatea mintală poate fi foarte de ajutor pentru îngrijitor. Consilierea profesională poate fi individuală sau sub formă de grup de suport sau împreună cu alți membrii ai familiei și/sau cu pacientul. Având timp dedicat propriilor nevoi poate ajuta îngrijitorul să fie o sursă de suport și putere pentru cei iubiți. Există organizații disponibile să ajute în pauzele luate de îngrijitor.

Sursele de suport social și emoțional

Descoperirea că o persoană are cancer de laringe sau orice alt cancer de cap și gât poate schimba viața individului și a celor care trăiesc aproape de el. Aceste schimbări pot fi dificil de managerizat. A cere ajutor pentru a face față mai bine impactului pshiosocial și social al diagnosticului este foarte important.

Poverile emoționale includ preocupările despre tratament și efectele adverse, spitalizare și impactul emoțional al bolii, cât și gestionarea facturilor medicale. Grijile suplimentare vin din îngrijirea familiei, menținerea locului de muncă și continuarea activităților zilnice.

Contactarea altor laringectomizați și grupuri de suport pentru neoplaziile de cap și gât poate fi de ajutor. Vizitele la spital și acasă de către colegii supraviețuitori poate asigura suport și sfaturi și poate facilita recuperarea. Colegii laringectomizați și supraviețuitorii de cancer al capului și gâtului pot asigura îndrumarea necesară și pot reprezenta un exemplu de recuperare cu succes și abilitatea de a te întoarce la o viață plină și rodnică.

Sursele de suport includ:

• Membrii echipei de îngrijiri medicale (doctori, asistente şi specialiştii pentru vorbit şi limbaj) pot răspunde şi clarifica întrebările despre tratament, muncă sau alte activităţi.

• Asistenţii sociali, consilierii sau membrii bisericii pot fi de ajutor dacă cineva îşi doreşte să îşi împărtăşească sentimentele sau temerile. Asistenţii sociali pot sugera resurse pentru ajutor financiar, transport, îngrijiri la domociliu şi suport emoţional.

• Grupurile de suport pentru laringectomizaţi şi alţi indivizi cu neoplazii ale gâtului şi capului pot împărtăşi cu pacienţii şi membrii familiilor lor ce au învăţat despre cum să facă faţă cancerului. Grupurile pot oferi suport personal, prin telefon sau pe internet. Membrii serviciilor de ingrijiri medicale pot ajuta în găsirea grupurilor de sprijin.

Site-ul Asociaţiei Internaţionale a Laringectomizaţiilor asigură o listă cu cluburile locale de pacienţi laringectomizaţi din U.S.A şi de la nivel internaţional pe http://www.theial.com/ial

O listă completă cu potenţiale resurse şi grupuri de suport poate fi găsită în Addendum (pagina 159).

Câteva "beneficii" în a fi laringectomizat

Există de asemenea câteva "beneficii" în a fi laringectomizat, incluzând:

• Fără sforăit.

• Scuză pentru a nu purta cravată.

• Fără mirosuri urâte sau iritante.

• Mai puţine răceli.

• Un risc mai scăzând de aspiraţie la nivelul plămânilor.

• Mai uşor de intubat la nivelul stomei în caz de urgenţă.

CAPITOLUL 16

Utilizarea CT, IRM şi PET-CT în diagnosticul şi urmărirea neoplaziilor.

Tomografia computerizată (CT), imagistica prin rezonanță magnetică (IRM) şi tomografiile prin emisie de pozitroni (PET-CT) sunt proceduri de imagistică medicală non-invazive, capabile să evidenţieze structuri interne ale corpului uman. Sunt utilizate în detectarea şi urmărirea în evoluţie a formaţiunilor tumorale maligne.

IRM poate fi utilizat în diagnosticarea neoplaziilor, stadializare şi planificarea schemelor terapeutice. Principalul component al sistemelor IRM este un magnet mare în formă de tub sau cilindru. Utilizând unde de radiofrecvență non-ionizantă, magneţi puternici şi un computer, această tehnologie produce imagini detaliate, în secţiuni, din interiorul corpului uman. În anumite cazuri, substanţele de contrast sunt folosite pentru a ilumina anumite structuri din corp. Aceste substanţe de contrast pot fi injectate direct în circulaţia sangvină cu o seringă sau pot fi înghiţite, în funcţie de regiunea corpului ce trebuie examinată. Utilizând tehnologia IRM, este posibilă diferenţierea ţesutului sănătos de cel bolnav şi evidenţierea precisă a formaţiunilor tumorale din interiorul corpului. Este utilizat şi în detectarea metastazelor.

În plus, tehnologia IRM permite vizualizarea cu un grad de contrast mai mare a diferitelor ţesuturi moi ale corpului decât CT. De aceea, este extrem de util în vizualizarea creierului, a coloanei vertebrale, ţesut conjunctiv, musculatură şi interiorul oaselor. Pentru a efectua procedura, pacientul stă întins într-un dispozitiv care creează un câmp magnetic care aliniază magnetizarea nucleilor atomici din organism.

Examinarea prin IRM nu provoacă nici o durere. Unii pacienţi acuză senzaţie de anxietate medie sau severă şi/sau nelinişte pe parcursul examinării. Un sedativ uşor poate fi administrat înaintea examinării în cazul pacienţilor claustrofobi sau care nu pot sta nemişcaţi o perioadă lungă de timp. Sistemele IRM produc zgomote puternice de trântire, lovire şi şuierături. Dopurile de urechi pot reduce din efectul zgomotelor.

CT este o procedură de imagistică medicală ce utilizează razele X procesate cu ajutorul unui computer pentru a genera imagini tomografice sau „secvențe" ale regiunilor specifice din corpul pacientului. Aceste imagini, sub forma de secțiuni, sunt utilizate în scop diagnostic și terapeutic în multe discipline medicale. Procesarea geometrică digitală computerizată este utilizată pentru a genera imagini tridimensionale cu interiorul organismului sau un organ țintă, din o multitudine de imagini bidimensionale prelucrate cu raze X în timpul unei singure rotații în jurul axului. Substanțele de contrast sunt utilizate pentru a evidenția anumite structuri din corpul uman.

Tomografia PET reprezintă un test imagistic ce aparține de medicina nucleară, ce creează o imagine tridimensională a proceselor metabolic active din organismul uman. Utilizează o substanță radioactiva denumită trasor, care este administrată intravenos, pentru a căuta țesuturi patologice. Trasorul circulă prin circulația sangvină și se depozitează la nivelul țesuturilor cu rată metabolică mare. O singură tomografie PET poate oferi informații imagistice detaliate despre funcția celulară a întregului organism.

Având în vedere că tomografia PET identifică regiunile cu activitate metabolică crescută de orice cauză, cum ar fi cancer, inflamație sau infecție, nu este suficient de specific și, prin urmare, nu poate face diferențierea. Acest fapt poate duce la interpretări ale rezultatului și poate duce la incertitudine, care impune efectuarea a unor teste suplimentare, care nu sunt necesare. Pe lângă povara financiară rezultată din acestea, poate genera anxietate și frustrare.

Este important de știut că aceste teste nu sunt perfecte și tumorile de mici dimensiuni pot fi ratate (mai mici de 1 inch). Un examen clinic minuțios trebuie să însoțească orice test imagistic.

Tomografia PET și CT sunt de multe ori efectuate simultan și de către același aparat. În timp ce PET oferă informații despre funcția biologică a organismului, CT oferă informații în legătură cu localizarea țesutului cu activitate metabolică crescută. Prin combinarea acestor două metode, medicul poate stabili diagnosticul cu acuratețe și identifica o eventuală neoplazie.

Recomandarea generală este sa se efectueze din ce în ce mai puține investigații PET/CT odată cu trecerea timpului de la momentul intervenției chirurgicale. În general, PET/CT este efectuat la fiecare trei-șase luni în primul an, apoi la fiecare şase luni în al doilea an şi apoi anual restul vieţii. Aceste recomandări, totuşi, nu se bazează pe studii, ci sunt mai degrabă consensuri general acceptate. Mai multe investigaţii imagistice sunt recomandate în cazul suspiciunii clinice sau imagistice de procese tumorale. Oricum, cand este recomandat un PET/CT, potenţialul beneficiu adus de această tehnică imagistică trebuie cântărit ţinând cont de potenţialul efect nociv al expunerii la radiaţii ionizante şi raze X.

Uneori medicii nu necesită imagistică PET şi solicita tomografie computerizată axată pe o anumită regiune. Acest CT este mai precis comparativ cu PET/CT, putând fi cu substanţă de contrast, pentru a ajuta în stabilirea diagnosticului de certitudine.

Ocazional, imagistica prin CT nu este util, mai ales în cazul pacienţilor cu multiple lucrări dentare, de tipul plombelor, coroanelor sau implanturilor, care pot interfera cu interpretarea datelor. Neefectuarea CT scuteşte pacientul de o doză mare de radiaţii. În loc, se poate efectua o IRM.

Când examinează imaginile, medicul radiolog compară noile achiziţii cu cele vechi pentru a identifica modificările apărute. Acest lucru este util în identificarea   unei   noi   patologii.

CAPITOLUL 17

Terapia de urgenţă, resuscitarea cardio-pulmonară şi terapia pacienţilor laringectomizaţi în timpul anesteziei

Asigurarea suportului ventilator în cazul pacienţilor laringectomizaţi sau a altor pacienţi care respiră prin intermediul traheostomei

Pacienţii laringectomizaţi sau cei care respiră cu ajutorul traheostomei, sunt la risc de a primi tratament de urgenţă inadecvat în cazurile în care apar dificultăţi respiratorii sau necesită resuscitare cardio-pulmonara.

Personalul din departamentele de urgenţă si din serviciile care oferă îngrijiri medicale de urgenţă uneori nu recunosc un pacient care respiră prin intermediul traheostomei, nu ştiu să administreze oxigen într-o modalitate adecvata şi pot face, în mod eronat, respiraţie gură-la-gură, când ar trebui să facă respiraţie gură-la-stoma. Acest lucru poate duce la consecinţe grave, neasigurând oxigenul necesar supravieţuirii.

O parte din personalul medical nu este familiarizat cu îngrijirea pacienţilor laringectomizaţi întrucât laringectomia este o procedura relativ rar efectuată.

În mod curent, cancerul laringian este detectat şi tratat precoce. Laringectomia totală este o intervenţie rezervată cazurilor în care formaţiunea tumorală este foarte mare sau recurentă după alte tratamente oncologice. În Statele Unite ale Americii sunt în jur de 60 000 de pacienţi care au suferit această procedură la momentul actual. Prin urmare, personalul din serviciile de urgenţă întâlnesc rar astfel de pacienţi.

Acest capitol descrie nevoile speciale ale pacienţilor laringectomizaţi sau a altor pacienţi care respiră prin intermediul traheostomei, explică schimbările anatomice după laringectomie totala, evidenţiază modalitatea prin care pacienţii cu laringectomie vorbesc şi cum se recunosc aceştia, explică cum se diferenţiază cei care respira doar prin traheostomă de cei ce respiră atât prin respirație nazală cât și prin traheostomă și descrie procedurile și echipamentele utilizate în salvarea căilor aeriene în cazul pacienților care respiră prin intermediul traheostomei.

Cauze de insuficiență respiratorie acută la pacienții laringectomizați. Cea mai frecventă indicație pentru laringectomie este neoplasmul în sfera capului și a gâtului. Majoritatea pacienților laringectomizați are și alte comorbidități date de malignitate dar și de tratamentele complementare (radioterapie, chirurgie, chimioterapie). Laringectomizații au dificultăți de vorbire și necesita variate metode pentru a comunica.

Cea mai frecventă cauză de insuficiență respiratorie acută la un pacient laringectomizat este obstrucția căilor respiratorii inferioare prin aspirație de corp străin sau dop de mucus. Acești pacienți pot suferi și de alte patologii, inclusiv cardiace, pulmonare, vasculare, deseori corelate cu vârsta.

Laringectomia totala. Anatomia este diferită în cazul pacienților cu laringectomie totală. După laringectomia totală, pacientul respiră prin intermediul unei stome (o deschidere a traheei la nivelul gâtului). Nu mai există o conexiune între trahee și gura și nas (Figura 1.). Acești pacienți sunt uneori dificil de recunoscut deoarece mulți își acoperă stomele cu bureți, eșarfe sau gulere. Mulți își aplică și un filtru de încălzire și umidificare a aerului sau un sistem handsfree peste stoma.

Metode de comunicare utilizate de pacienții laringectomizați. Pacienții laringectomizați utilizează o varietate de metode pentru a comunica cum ar fi scrisul, articularea silențioasă, limbajul semnelor și trei metode de vorbire. Aceste metode sunt vorbirea prin voce esofagiană, protezarea prin puncție traheo-esofagiană și laringofonul. Fiecare metodă substituie vibrația generată de corzile vocale prin altă sursă, în timp ce formarea cuvintelor este realizată la nivelul limbii și buzelor.

Diferențierea dintre pacienții cu respirație parțial sau total cervicala. Este important pentru personalul medical să diferențieze pacienții care respiră parțial cervical de cei ce respiră exclusiv prin intermediul traheostomei (pacienții laringectomizați) deoarece managementul fiecărui grup este diferit. Traheea nu este în legătura cu căile respiratorii superioare în cazul pacienților laringectomizați, iar respirația se face în totalitate prin traheostomă. În contrast, deși exista traheostomă, în cazul pacienților cu respirație parțial cervicală, există legătură între trahee și căile respiratorii superioare. Deși pacienții cu respirație parțial cervicala respiră în principal prin intermediul traheostomei, ei pot respira și pe nas sau gură. Gradul de respirație prin căile respiratorii superioare este variabil în funcție de patologia subiacentă.

Majoritatea pacienților cu respirație parțial cervicală respiră prin intermediul canulei traheale, care poate fi ieșită din trahee. Incapacitatea de a recunoaște un pacient cu respirație parțial cervicala poate duce la un tratament inadecvat.

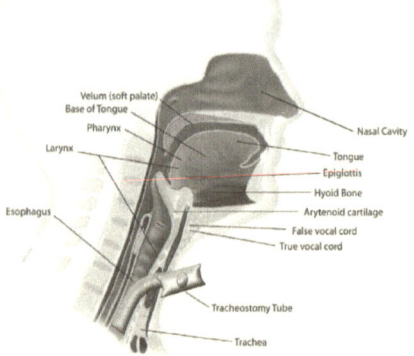

Figura 5. Anatomia pacientului cu respirație parțial cervicală

Pregătirea pentru resuscitarea respiratorie. Pașii pentru resuscitarea unui pacient cu respirație cervicala:

1. Determinarea gradului de afectare a pacientului
2. Activarea sistemelor medicale de urgență
3. Poziționarea bolnavului
4. Expunerea regiunii cervicale și înlăturarea oricărui obiect care acoperă stoma (filtre, haine) sau care împiedica accesul către calea aeriana
5. Securizarea căii aeriene în stoma traheala și înlăturarea oricărui lucru care poate obstrucționa calea aeriana
6. Curățirea stomei traheale de mucus

Nu este necesară înlăturarea canulei traheale decât în situația în care obstrucționează calea aeriană. Tuburile de traheostomă pot fi înlăturate cu grijă. Protezele vocale nu trebuie înlăturate decât în situația în care obstrucționează calea aeriană, având în vedere ca de cele mai multe ori nu interferează cu respirația sau aspirația. Dacă proteza vocală este dislocată, ar trebui scoasă și înlocuită cu un cateter care să prevină aspirația sau închiderea fistulei eso-traheale. În cazurile dopurilor de mucus, stoma traheală trebuie aspirată după inserarea de 2-5 cc de soluție salină sterilă iar atât canula cât și mandrenul curățite riguros. Ulterior, sunetul respirației trebuie ascultat la nivelul stomei. Daca tubul de traheostomă este blocat, este posibil ca toracele să nu poată ascensiona în inspir.

În cazul în care canula traheală este utilizată în resuscitare, trebuie sa fie de o dimensiune potrivită traheei. Canula se montează cu grijă, astfel încât să nu fie dislocat butonul fonator. Acest lucru ar putea necesita montarea unei canule cu un diametru mai mic.

Dacă pacientul respiră normal, acesta trebuie tratat ca orice alt pacient inconștient. Dacă necesită oxigenoterapie prelungită, acesta ar trebui umidificat.

Poate fi dificil de palpat pulsul carotidian în cazul unor pacienți, din cauza fibrozei post-radice. Unii pacienți pot să nu prezinte puls radial, dacă au necesitat lambouri libere de la nivelul brațului pentru reconstrucția căii aeriene superioare.

Ventilația pacienților cu respirație exclusiv cervicală. Manevrele de resuscitare cardio-pulmonară, în cazul pacienților laringectomizați, sunt similare cu cele efectuate la populația generală cu o singură excepție. În cazul pacienților laringectomizați, ventilația și oxigenoterapia sunt administrate prin intermediul stomei. Acest lucru este posibil prin ventilația gură-la-stomă sau utilizând o mască de oxigen (mască de copii sau o mască de adult întoarsă la 90 de grade) (Figura 4, 5). Respirația gură-la-gură este inutilă.

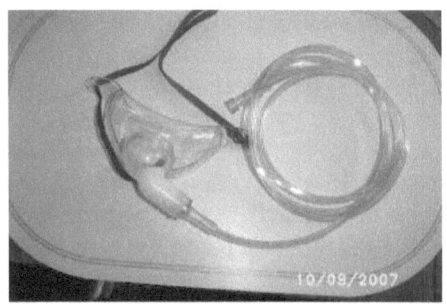

Imaginea 4. Mască de oxigen

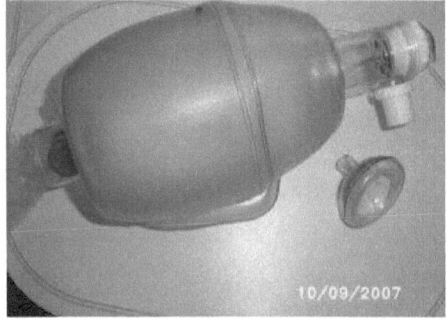

Imaginea 5. Mască de oxigen pentru copii utlizată în caz de urgenţă

Ventilaţia pacienţilor cu respiraţie parţial cervicală. Deşi pacienţii cu respiraţie parţial cervicală respiră în principal cu ajutorul stomei traheale, ei au încă legătura dintre plămâni şi nas şi gura. Prin urmare, aerul poate ieşi pe la nivelul gurii sau nasului, astfel scăzând eficacitatea ventilaţiei. Deşi pacienţii cu respiraţie parţial cervicală primesc ventilaţie prin intermediul stomei, gura ar trebui închisă iar nasul obstruat pentru a preveni pierderea aerului. Acest lucru poate fi efectuat prin prinderea fermă a nasului şi gurii pacientului.

În concluzie: Departamentele de urgenţă şi personalul care acordă îngrijiri de urgenţă ar trebui să fie vigilente şi să recunoască pacienţii care nu respiră pe la nivelul nasului şi gurii. Cunoştinţele personalului care oferă servicii medicale variază în diferite comunităţi. Mulţi nu sunt familiarizaţi cu îngrijirea pacientului laringectomizat, deşi este inclusă în cursurile de prim ajutor. Este esenţial ca personalul medical să fie instruit să identifice pacienții purtători de canule traheale și să diferențieze pacienții care respiră exclusiv prin respirație cervicală de cei care respiră parțial prin respirația cervicală. Administrarea corectă a oxigenoterapiei și ventilația pe la nivelul stomei traheale și detaliile specifice ale resuscitării cardio-pulmonare trebuie repetate periodic. Personalul medical și adjuvant care oferă servicii de urgență ar trebui să își mențină cunoștințele în ceea ce privește tratamentul pacienților cu respirație cervicală astfel încât ei să primească îngrijiri adecvate în situații de urgență.

Problemele respiratorii specifice pacienților cu respirație cervicală includ dopul de mucus și corpii străini. Deși pacienții cu respirație parțial cervicală respiră în principal prin intermediul stomei traheale, ei au o legătură între plămâni și gură și nas. În contrast, în cazul pacienților cu laringectomie totală, această legătură nu mai există. Atât pacienții cu respirație parțial cervicală, cât și pacienții cu laringectomie totală trebuie ventilați prin orificiul de traheostomă. Totuși, în cazul celor cu respirație parțial cervicală, nasul și gura trebuie închise astfel încât să nu iasă aerul. O mască de oxigen pentru copii poate fi utilizată pentru a ventila prin intermediul stomei.

Asigurarea îngrijirilor de urgență adecvate în cazul pacienților purtători de canulă traheală, inclusiv laringectomizați

Pacienții care respiră prin intermediul traheostomei sunt la risc să primească o terapie inadecvată când necesită tratament medical de urgență în cazul insuficienței respiratorii acute.

Pacienții cu traheostomă pot preveni un eveniment nefericit prin:

1. Purtarea unei brățări care îi identifică ca fiind traheostomizați;
2. Ținerea documentelor medicale din care să reiasă istoricul medical, medicația numele medicului curant și informațiile de contact la îndemână;
3. Punerea unui sticker pe interiorul parbrizului cu ajutorul căruia sa fie identificați ca laringectomizați; Cardul să conțină informații referitoare la îngrijirile de urgență;
4. Punerea unei notițe în fața ușii locuinței prin care să fie identificați pacienții cu respirație cervicală;
5. Utilizarea unui laringofon poate fi util și facilita comunicarea chiar și în situația unei urgențe; cei care utilizează proteze vocale de tip buton

fonator ar putea să nu fie capabili să vorbească deoarece filtrele ar trebui înlăturate;

6. Informarea serviciilor de urgenţă locale, departamentele de poliţie şi personalul care asigură servicii de urgenţă local că pacientul este purtător de traheostomă şi există posibilitatea să nu poată comunica într-o situaţie de urgenţă;

7. Asigurarea că personalul medical din departamentul de urgenţă local poate recunoaşte şi trata un pacient cu traheostomă.

Este responsabilitatea pacientului laringectomizat să fie vigilent şi să crească conştientizarea personalului medical şi departamentelor de urgenţă din apropierea locuinţei sale. Aceasta este o sarcina continuă, întrucât cunoştinţele personalului medical pot varia şi se pot schimba în timp.

Un videoclip care explică metodele ce trebuie aplicate de urgenţă în resuscitarea respiratorie adaptate pacienţilor purtători de canulă traheală poate fi urmărit la:

http://www.youtube.com/watch?v=YE-n8cgl77Q

Pacienţii laringectomizaţi pot distribui această prezentare personalului medical de urgenţă.

Efectuarea unei proceduri sau a unei intervenţii chirurgicale ca pacient laringectomizat.

Efectuarea unei proceduri, (de exemplu colonoscopie) cu sedare sau a unei intervenţii chirurgicale, cu anestezie locala sau generala, este o provocare pentru pacientul laringectomizat.

Din păcate, o mare parte din personalul medical care îngrijeşte pacientul laringectomizat înainte, în timpul şi după intervenţia chirurgicală, nu este familiarizat cu anatomia specifică, felul în care acesta comunică, şi cum să administreze calea aeriană în timpul şi după intervenţie sau procedură. Aici sunt incluse asistente, tehnicieni medicali sau chiar anestezişti.

Este de aceea, recomandat, ca pacientul laringectomizat să explice nevoile sale specifice şi anatomia particulară, de la început, celor ce urmează sa îl trateze. Ilustraţiile şi fotografiile explicative sunt utile. Cei cu proteză vocală ar trebui să le permită medicului anestezist să examineze stoma traheală pentru a înţelege funcţia sa. Este util să îi fie prezentat medicului anestezist videoclipul în care este ilustrată modalitatea prin care se ventilează pacienţii cu canulă traheală (disponibil gratis prin contactarea Atos Medical Inc.) sau prin distribuirea următorului link:

http://www.youtube.com/watch?v=YE-n8cgl77Q

Personalul medical ar trebui să înţeleagă că pacientul laringectomizat nu mai are conexiunea dintre orofaringe şi trahee, şi, prin urmare, ventilaţia şi aspiraţia căii aeriene trebuie efectuată prin intermediul stomei traheale, şi nu prin nas sau gură.

Efectuarea unei proceduri cu sedare sau o intervenţie chirurgicală cu anestezie locală este o provocare pentru pacientul laringectomizat deoarece vorbirea cu laringofon sau cu proteză vocală nu este posibila, în cele mai multe cazuri. Aceasta se datorează faptului că stoma este acoperită de obicei de masca de oxigen iar mâinile îi sunt fixate. Totuşi, pacienţii care utilizează vocea esofagiană pot comunica în timpul procedurii sau intervenţiei efectuate sub anestezie locală.

Este important să fie discutate nevoile speciale ale acestor pacienţi cu echipa medicală înaintea operaţiei. Este nevoie să fie repetate aceste informaţii în repetate rânduri, atât echipei de anestezie, cât şi chirurgilor, atât la consultul pre-chirurgical, cât şi în ziua operaţiei. De fiecare dată când pacientul purtător de canulă traheală suferă o intervenţie sau o procedură sub anestezie locală, este utilă coordonarea prin semne cu medicul anestezist. Limbajul semnelor, datul din cap, cititul pe buze sau zgomote produse prin vocea esofagiana rudimentară, pot fi utilizate pentru a notifica echipa despre durere sau nevoia de aspiraţie.

Utilizarea acestor sugestii ajută pacientul laringectomizat să primească îngrijiri medicale adecvate.

Resuscitarea cardio-pulmonară: ghiduri noi

Noile ghiduri de RCP ale Asociaţiei Americane a Inimii (2010) subliniază necesitatea masajului cardiac; respiraţia gură-la-gură nu mai este necesară. Principalul scop al noilor ghiduri este să încurajeze cât mai mulţi oameni să efectueze RCP. Mulţi oameni evită respiraţia gură-la-gură deoarece se simt inhibaţi să respire în gura sau nasul altcuiva. Noile ghiduri susţin că este mai util să efectuezi masaj cardiac, în comparaţie cu nimic.

Un videoclip oficial unde este demonstrată manevra prin care se efectuează masaj cardiac este disponibil la:

http://www.youtube.com/watch?v=zSgmledxFe8

Din cauză că pacienţii laringectomizaţi nu pot efectua respiraţie gură-la-gură, aceştia erau excluşi din populaţia care poate efectua RCP de către vechile ghiduri. Având în vedere că în noile ghiduri, ventilaţia gură-la-gură nu este necesară, şi pacienţii laringectomizaţi pot efectua manevre de RCP. Totuşi, când este posibil, vechea metodă de RCP, utilizând atât masajul cardiac cât şi suportul ventilator, trebuie utilizată. Această recomandare este urmarea faptului că masajul cardiac singur nu poate susţine funcţiile vitale pentru mult timp întrucât plămânii nu sunt ventilaţi.

Pacienţii laringectomizaţi care necesită RCP pot necesita de asemenea şi ventilaţie respiratorie. Una din principalele probleme ale pacienţilor laringectomizaţi este obstrucţia cailor aeriene inferioare prin depunerea de mucus sau corpi străini. Înlăturarea acestora este esenţială. Respiraţia gură-la-stomă este importantă şi relativ mai uşor de asigurat decât respiraţia gură-la-gură.

Pacienţii laringectomizaţi care respiră prin stoma traheală si poartă filtre şi efectuează RCP, pot necesita înlăturarea filtrelor temporar. Astfel, ei pot inhala mai mult aer când ajung la o sută de compresii pe minut.

CAPITOLUL 18

Călătorind ca laringectomizat

Pentru pacienţii laringectomizati, călătoritul este o provocare. Călătoria poate expune pacientul unor medii nefamiliare, departe de rutina lor confortabilă. Pacienţii laringectomizaţi trebuie să îşi îngrijească calea respiratorie în locaţii nefamiliare. O călătorie necesită, de obicei, planificarea anterioară, astfel încât rezervele esenţiale să fie disponibile pe toată durata vizitei. Este importantă îngrijirea traheostomei şi a altor comorbidităţi pe perioada călătoriei.

Îngrijirea traheostomei în timpul zborului de linie

Zborurile de linie (mai ales cele lungi) prezintă multe provocări. Există mai mulţi factori predispozanţi pentru tromboză venoasă profundă (TVP). Dintre aceştia, enumerăm deshidratarea (gradul scăzut de umiditate în aerul ambiental din cabina avionului), presiunea scăzută în oxigen şi imobilizarea prelungită. Aceşti factori, combinaţi, pot determina formarea unui cheag de sânge la nivelul membrelor inferioare, care, dacă migrează, circulă prin sistemul circulator până în plămâni, şi duce la embolism pulmonar. Aceasta este o complicaţie gravă şi o urgenţă medicală.

În plus, aerul cu umiditate scăzută poate usca traheea, favorizând formarea dopurilor de mucus. Stewarzii companiilor aeriene nu ştiu, de obicei, cum să asigure calea aeriană în cazul unui pacient laringectomizat.

Aceşti paşi pot fi urmaţi pentru a preveni eventualele probleme:

Consumarea în cantităţi mari a apei, inclusiv când avionul este la sol;
Evitarea alcoolului şi a cafelei deoarece deshidratează organismul;
Purtarea hainelor largi;
Evitarea încrucişarea picioarelor când staţi aşezat deoarece este redus fluxul sangvin la nivelul membrelor inferioare;
Purtarea ciorapilor compresivi;
Dacă pacientul este într-o categorie de risc mai mare, avizul medicului pentru a administra aspirină înaintea zborului pentru a inhiba coagularea sângelui;

Efectuarea exercițiilor pentru picioare sau statul în picioare, când este posibil, în timpul zborului;

Rezervarea locului pe rândul cu ieșirea de urgență, sau la culoar, pentru a fi un spațiu mai mare pentru picioare;

Comunicarea cu personalul angajat prin scris, având în vedere dificultatea comunicării din cauza zgomotului de fond;

Inserarea soluției saline periodic, pe durata zborului, pentru a menține umidifierea traheei;

Depozitarea dispozitivelor medicale, inclusiv laringofon (în caz de utilizare), la îndemână, în bagajul de cabină;

Utilizarea filtrelor umidificatoare sau a unei comprese umede deasupra stomei;

Informarea stewarzilor că există un pacient laringectomizat.

Aceste măsuri de precauție facilitează transportul aerian și îl face mai sigur pentru laringectomizați sau alți purtători de stomă traheală.

Ce lucruri sunt necesare în timpul călătoriei?

În timpul călătoriei, este recomandat ca toate dispozitivele medicale și medicamentele să fie transportate într-un bagaj special destinat acestora. Acestea trebuie să fie la îndemână.

În acest bagaj ar trebui incluse:

Un sumar al medicației cronice, diagnosticele medicale, numele și datele de contact ale medicilor curanți, rețetă pentru medicamente, referințe despre foniatru;

Dovada asigurării medicale sau dentare;

Un stoc cu medicația necesară;

Șervețele;

Pensetă, oglindă, lampă/lanternă;

Tensiometru (pentru hipertensivi);

Soluție salină;

Cutie pentru filtre (cu alcool, plasturi de piele);

Filtre pentru canulă;

Laringofon (chiar și pentru cei cu proteză vocală) în cazul în care nu pot comunica altfel;

Un amplificator de voce (cu o baterie de rezervă)

Pacienții cu buton fonator au nevoie și de:

Periuță și pompiță pentru curățirea butonului

Un filtru hands-free și un buton fonator de rezervă

Un cateter Foley roșu (pentru a-l poziționa pe orificiul de fistulă traheo-esofagiană în cazul în care buton fonator este dislocat)

Cantitatea de lucruri depinde de durata călătoriei. Poate fi folositor să fie la îndemână datele de contact ale medicilor specialiști din zona în care se călătorește.

Pregătirea unui kit cu informații și materiale esențiale

Pacienții laringectomizați pot necesita servicii medicale de urgență sau cronice la un spital sau altă unitate medicală. Din cauza dificultății în comunicare cu personalul medical și greutatea în oferirea informațiilor, mai ales în suferințele acute, este util un dosar medical. În plus, este util ca pacientul să aibă un kit cu materiale necesare îngrijirii traheostomei. Acesta ar trebui depozitat într-un loc accesibil.

Acest kit ar trebui să conțină:

Un istoric medical complet si recent, eventualele alergii sau diagnostice stabilite;

O listă recentă cu toată medicația cronică, rezultatele investigațiilor, examinări radiologice, sau teste de laborator; acestea pot fi încărcate pe un stick sau disc;

Informații și dovada asigurării medicale;

Informații (telefon, e-mail, adresă) ale medicului curant, membrii ai familiei sau prieteni;

O ilustrație sau un desen cu vederea laterală a regiunii cervicale și anatomia explicată pentru căile aeriene ale pacientului laringectomizat și, dacă este relevant, localizarea protezei vocale;

O foaie de hârtie și pix;

Un laringofon cu baterii de rezervă (chiar și pentru cei cu buton fonator);

O cutie de șervețele;

O rezervă de soluție salină, filtre de umidifiere, alcool, comprese sterile, plasturi, periuță, pompiță;

Pensetă, oglindă, lanternă/lampă (cu baterii de rezervă)

Aceste lucruri sunt de maximă importanță într-o situație de urgență.

Addendum

Resurse folositoare:

Informații despre cancerul de cap și gât publicate de Societatea Americană a Cancerului:

http://www.cancer.gov/cancertopics/types/head-and-neck

Site-ul de susținere a pacienților cu cancer de cap și gât din Marea Britanie:

http://www.macmillan.org.uk/Cancerinformation/Cancertypes/Larynx/Laryn gealcancer.aspx#.UJGZu8V9Ixg

Asociația Internațională a pacienților laringectomizați:

http://www.theial.com/ial

Fundația Cancerului Oral: http://oralcancerfoundation.org/

Fundația Cancerului Gurii: http://www.mouthcancerfoundation.org/

Susținere pentru oamenii cu Cancere în sfera capului și gâtului: http://www.spohnc.org/

Un site care conține informații utile pentru pacienții laringectomizați și alte neoplazii ale capului și gâtului: http://www.bestcancersites.com/laryngeal/

Alianța Cancerului de cap și gât: http://www.headandneck.org/

Comunitatea de susținere din Alianța Cancerului de cap și gât:

http://www.inspire.com/groups/head-and-neck-cancer-alliance/

WebWhispers: http://www.webwhispers.org/

Vocea mea – Itzhak Brook MD informații: http://dribrook.blogspot.com/

Brook I. Vocea Mea: O experiență personală a unui medic cu cancer de gât, Createspace, Charleston, SC, 2009, ISBN:1-4392-6386-8

http://www.createspace.com/900004368

Grupuri pentru laringectomizați pe Facebook:

Throat and Oral Cancer Survivors

Laryngectomy Support

Survivors of Head and Neck Cancer

Larynx laryngeal Cancer Information and Support

Support for People with Oral and Head and Neck Cancer (SPOHNC)

Listă de furnizori importanți pentru dispozitive medicale necesare pacientului laringectomizat:

Atos Medical: http://www.atosmedical.us/

Bruce Medical Supplies: http://www.brucemedical.com/

Fahl Medizintechnik: http://fahl-medizintechnik.de/

Griffin Laboratories: http://griffinlab.com/

InHealth Technologies: http://store.inhealth.com/

Lauder the Electrolarynx Company: http://www.electrolarynx.com/

Luminaud Inc.: http://www.luminaud.com/

Romet Electronic larynx: http://www.romet.us/

Ultravoice: http://ultravoice.com/

Despre autor

Dr. Itzhak Brook este un medic specializat în pediatrie și boli infecțioase. Este Profesor de Pediatrie la Universitatea din Georgetown, Washinton, D.C., supraspecializat în infecțiile cu anaerobi din regiunea capului și gâtului, inclusiv sinuzită. A cercetat extensiv infecțiile tractului respirator și infecțiile dobândite după expunerea la radiații ionizante. Dr. Brook a fost în Armata americană pentru 27 de ani. Este autorul a șase cărți medicale, 135 de capitole în cărți medicale și a publicat peste 750 de articole științifice. Este editor în trei și co-editor în patru reviste medicale. Dr. Brook este autorul cărții: „Vocea mea – O experiență personală a unui medic cu cancer de gât" și „În nisipul din Sinai – Bilanțul unui medic asupra războiului Yom-Kippur". Este membru al alianței pentru Cancerul de Cap și Gât. Dr Brook a primit premiul Academiei Americane de Otolaringologie și Chirurgia capului și a gâtului în 2012 – J. Conley Medical Ethnics Lectureship Award.

Dr. Brook a fost diagnosticat cu cancer de gât în 2006.

www.ingramcontent.com/pod-product-compliance
Lightning Source LLC
Chambersburg PA
CBHW030838180526
45163CB00004B/1367